高等职业教育"十三五"规划教材

Photoshop 图形图像处理

主　编　袁琰星　卢道设　邓惠俊
副主编　杨　静　王　娟　贺慧玲　罗　潇
编　委　马东邦　陈星宇　吴　辰　吐尔尼沙·热依木

电子工业出版社

Publishing House of Electronics Industry

北京·BEIJING

内 容 简 介

本书全面介绍了使用 Photoshop CC 2017 简体中文版设计图形图像的方法和技巧,内容包括 Photoshop CC 2017 中文版的主要功能,图像的基本操作,图像区域的选择与编辑,图层的使用,色彩的运用,图形和文字对象的创建和编辑,滤镜的使用,蒙版与通道,修饰照片等。为了方便读者理解,所有章节尽可能通过具体的实例讲解,其中讲述的创作技巧具有较高的实用价值。每章最后的习题则可以帮助读者巩固所学的内容,从而达到快速入门的目的。

本书内容全面、实例丰富,图文并茂,理论与实践相结合,充分注重知识的相对完整性、系统性、时效性和可操作性本书具有简明、实用、操作性强等特点,着重强调任务驱动,既可作为高等职业院校网页创作应用课程的教学用书,也可作为一般读者自学和专业人员的参考书,还可作为培训教材,对于希望快速掌握网页制作的计算机入门者,也是一本不可多得的参考资料。

图书在版编目(CIP)数据

Photoshop 图形图像处理 / 袁琰星,卢道设,邓惠俊主编. —北京:电子工业出版社,2017.8

ISBN 978-7-121-32048-4

Ⅰ. ①P… Ⅱ. ①袁… ②卢… ③邓… Ⅲ. ①图象处理软件 Ⅳ. ①TP391.413

中国版本图书馆 CIP 数据核字(2017)第 146482 号

策划编辑: 祁玉芹
责任编辑: 鄂卫华
印   刷: 中国电影出版社印刷厂
装   订: 中国电影出版社印刷厂
出版发行: 电子工业出版社
          北京市海淀区万寿路 173 信箱   邮编   100036
开   本: 787×1092   1/16   印张:15.5   字数:397 千字
版   次: 2017 年 8 月第 1 版
印   次: 2024 年 8 月第 6 次印刷
定   价: 39.80 元

凡所购买电子工业出版社图书有缺损问题,请向购买书店调换。若书店售缺,请与本社发行部联系,联系及邮购电话:(010)88254888,88258888。

质量投诉请发邮件至 zlts@phei.com.cn,盗版侵权举报请发邮件至 dbqq@phei.com.cn。

本书咨询联系方式:qiyuqin@phei.com.cn。

　　Adobe　Photoshop 简体中文版是 Adobo 公司推出的一款优秀的、面向中国用户的平面
设计软件，其界面友好、功能强大、操作简便，被广泛应用于各类广告设计中，如户外广
告、包装设计、POP 广告设计及房产广告设计等，是目前世界上最好的平面设计软件之一。
目前该软件的最新版本是 Photoshop CC 2017。

　　本书由 Photoshop 的基本知识开始，循序渐进地介绍了 Photoshop CC 2017 的各种功能
及操作方法，内容涉及图像的基本操作，图像区域的选择与编辑，图层的使用，色彩的运
用，图形和文字对象的创建和编辑，滤镜的使用，蒙版与通道，修饰照片等。在各章节中
还穿插了大量实例，可以让读者通过模仿操作，及时巩固所学的知识。最后一章则给出了
一些综合实例，通过运用 Photoshop CC 2017 的各种工具制作出精美的图像，可以让读者
开阔思路，起到抛砖引玉的作用。

　　全书共分为 11 章，具体内容如下：

　　第 1 章介绍 Photoshop 的基础知识，内容包括 Photoshop 的基本功能和作用，计算机图
像的基本类型与常用术语的概念，查看图像的方法，画布的使用以及图像的保存。

　　第 2 章介绍图像区域的选择，内容包括选区的基本操作，各种选择工具的使用，以及
调整选区边缘和编辑选区等。

　　第 3 章介绍图像的变换与变形，内容包括图像变换和变形的基本知识，以及图像的变
换方法和变形方法，此外还介绍了内容识别缩放的操作方法与技巧。

　　第 4 章介绍图层的使用，内容包括图层的概念，图层的创建、编辑和排列，合并图层，
盖印图层，以及使用图层组管理图层的方法，此外还简要介绍了一下混合模式的效果与设
置方法。

　　第 5 章介绍在 Photoshop CC 2017 中绘图的方法与技巧，内容包括对 Photoshop 中绘图
模式的介绍，绘制和编辑形状的方法，形状的栅格化，路径和锚点的知识，以及钢笔工具、
铅笔工具和橡皮擦工具的使用。

　　第 6 章介绍文本的使用，内容包括 Photoshop 文本的介绍，文本的创建，文本的格式
化，特殊文本效果的设置，以及创建文字形状的方法。

　　第 7 章介绍颜色的使用，内容包括颜色的基本知识，颜色的设置，渐变色的设置，填
充与描边，以及混合器画笔工具的使用。

第 8 章介绍蒙版与通道的知识，内容包括蒙版与通道的概念，蒙版的创建，通道的分类与编辑等。

第 9 章介绍滤镜的使用，内容包括滤镜的原理与使用方法，智能滤镜的使用与处理，滤镜库的使用，此外还简单介绍了一下各种滤镜的效果。

第 10 章介绍照片的修饰，内容包括各种润饰和修复照片工具的使用，如模糊工具、锐化工具、减淡工具、加深工具、海绵工具、仿制图章工具、修复画笔工具、修补工具等，此外还介绍了裁剪照片的方法与技巧。

第 11 章是一个综合实例，介绍了个性邮票的制作。在制作过程中要使用到各种工具，设置各种效果，使读者可以全面领略 Photoshop 制图的魅力。

对于初次接触 Photoshop 的读者，本书是一本很好的启蒙教材和实用的工具书。通过书中一个个生动的实际范例，读者可以一步一步地了解 Photoshop CC 2017 的基本功能，学会使用 Photoshop CC 2017 的基本工具，并掌握应用 Photoshop CC 2017 设计与创作图像。对于已经使用过老版本的图像设计高手来说，本书将为他们尽快掌握 Photoshop CC 2017 的各项新功能助一臂之力。

本书采用理论加实例的讲解方式。因此，读者可以边学习本书中的内容，边上机实践，从而高效快速地掌握使用 Photoshop 设计图形图像的方法和技巧。

本书由广东水利电力职业技术学院袁琰星、广州华夏职业学院卢道设、万博科技职业学院邓惠俊担任主编，克拉玛依职业技术学院杨静、开封大学王娟、广东阳江职业技术学院贺慧玲、江苏省扬州技师学院罗潇担任副主编，还有马东邦、陈星宇、吴辰、吐尔尼沙·热依木几位老师参与编写并担任编委。全书由袁琰星统稿审核。

尽管在编写本书时作者做了各种努力，但是，由于作者水平所限，书中难免有不足之处，希望专家和读者朋友及时指正书中难免存在疏漏之处，欢迎大家批评指正，衷心希望广大专家和任课教师提出宝贵的意见和建议，以便再版时及时加以修正。

为了使本书更好地服务于授课教师的教学，我们为本书配了教学讲义，期中、末考卷答案，拓展资源，教学案例演练，素材库，教学检测，案例库，PPT 课件和课后习题、答案。请使用本书作为教材授课的教师，如果需要本书的教学软件，可到华信教育资源网 www.hxedu.com.cn 下载。如有问题，可与我们联系，联系电话：(010)69730296、13331005816。

编　者

2017 年 8 月

目 录
contents

第 1 章

Photoshop 图像处理基础

Photoshop 是 Adobe 公司旗下最为出名的图像处理软件之一，使用它可以制作和设计精美的图像，广泛应用于平面设计、广告摄影、影像创意、网页制作、建筑装潢效果图修饰等各种领域，拥有数目庞大的用户群。本章将对 Photoshop 的图像处理基础入门知识做一个概括的介绍。通过本章的学习，读者应了解 Photoshop 的功能、特点、用途等，了解计算机中图像的类型等基础知识，并熟练掌握图像的各种基本操作方法。并应了解 Photoshop CC 2017 的工作界面，以便在设计图像时能够快速上手。

教学重点与难点：

1. Photoshop 的功能。
2. Photoshop 的应用范围。
3. 计算机中的图像格式。
4. Photoshop CC 2017 中图像的基本操作。

1.1 Photoshop 的功能与作用

Photoshop 是一款图像处理软件，具有强大的图形绘制和图像设计功能，尤其是在平面设计方面非常实用，使用它可以修改图像、改变图像的视觉效果、调整图像的色彩和亮度、改变图像的大小等，而且可以对多幅图像进行合并增加特殊效果，能够把现实生活中很难遇见的景象十分逼真地展现出来。Photoshop 可应用于很多领域，常见的如修饰照片、广告制作、封面设计等，平时我们所说的 PS 照片通常指的就是用 Photoshop 修改或者重组后的照片。

Photoshop 功能强大且操作简单，可应用于诸多领域，这也是该软件能够在同类软件中脱颖而出、拥有众多用户的重要原因，因而它当之无愧地稳居行业老大地位。那么 Photoshop 都有些什么功能，又可以应用于哪些领域呢？下面我们就来了解一下 Photoshop 的基本功能和作用。

（1）平面设计

平面设计是 Photoshop 应用最为广泛的领域，在当今的无纸办公时代，我们随时都可以看到使用 Photoshop 进行设计的精美印刷品，如图书封面、各类宣传页、商业海报等，这些平面印刷品中所包含的图像基本上都需要使用 Photoshop 对其进行先期处理。

（2）修复照片

Photoshop 具有非常强大的图像修饰功能，利用这些功能可以快速修复破损的老照片或者人体缺陷等，很多影楼现在都在使用这项技术。我们平时在网上看到的一些美美的人像照片，有很多都是经过 PS 以后的效果，广大的网友常常会惊呼某个明星或者网络红人的照片和真人区别很大，其实都是 Photoshop 的"功劳"。

（3）广告摄影

广告摄影对视觉要求非常严格，但摄影师在照相时很难达到预期的效果。在以前的胶片摄影年代，照相时常常需要老天帮忙，比如一定要选择阳光好的时候光线的强度才能达到照相的要求，否则洗出来的照片就会昏暗不清，此外还有背景、色彩等诸多因素，一样达不到要求就需要重新照相。但现在就简单多了，我们在得到一张符合要求的基础照片后，可以通过使用 Photoshop 进行修改，以得到满意的成品效果。

（4）影像创意

影像创意是 Photoshop 的主要功能之一，我们平时常听人说的 PS 照片，使用的就是这一功能。PS 照片是将不同照片中的局部对象通过使用 Photoshop 进行处理，从而将它们组合到一幅图像中，通过这种方式，可以使图像发生面目全非的巨大变化。在网络上 PS 的照片随处可见，例如一些网友恶搞明星的照片，通过换脸、换背景等手段将图片搞得夸张搞笑，如图 1-1 所示。我们不支持这种行为，因为这是对他人的一种不尊重，我们所说的影像创意是通过技术手段将照片进行美化或将几张照片通过艺术化的手段进行重新组合，使照片更加美观并具有艺术魅力，如图 1-2 所示。

（5）艺术文字

Photoshop 既可以处理艺术图片，也可以处理艺术文字。如果将图像比喻成一条龙，那么文字就是龙的眼睛，利用 Photoshop 可以将文字赋予各种艺术效果，并将这些艺术文字运用到图像中，为其增色添彩，起到画龙点睛的作用。

图 1-1　恶搞图片

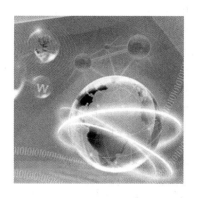

图 1-2　影像创意

（6）　网页制作

随着网络的普及，网站制作技术也日渐普及起来，但随着这些技术的普及，要求越来越高的图形图像处理功能，因为在制作网页时经常需要对用于网页的基础图像进行修饰加工。Photoshop 正是这样的一款软件，它对图形图像的强大处理功能完全可以满足网页图像的要求，成为网页制作过程中所不可或缺的工具之一，因此，越来越多的人迫切需要掌握 Photoshop 的使用方法。

（7）　建筑效果图后期修饰

制作建筑效果图的设计人员一定还记得他们当年应聘时，招聘方的要求中有一项就是要会使用 Photoshop，这是因为在制作建筑效果图时（包括许多三维场景），人物、配景或场景的颜色常常需要在 Photoshop 中增加并调整。

（8）　绘画

Photoshop 具有强大的绘画和调色功能，这为插画设计制作者提供了便利。在传统设计行业里，设计师都是用手工绘制图画并上色，制作一幅图画要花费很多精力和时间，而现在，插画制作者可以使用铅笔绘制草稿，然后用 Photoshop 填色的方法来绘制插画。此外，近年来一些设计师开始使用 Photoshop 制作富有创意的像素画，并迅速流行开来。

（9）　绘制或处理三维帖图

在使用一些三维制图软件制作立体模型时，如果能够为模型应用一些逼真的帖图，肯定会取得较好的渲染效果。然而这些三维制图软件可能并没有提供这些功能，这时候我们可以用 Photoshop 来进行辅助设计，制作出在三维软件中无法得到的合适的材质。

（10）　婚纱照片设计

拍婚纱照是许多即将步入婚姻殿堂的青年男女必做的事，因而婚纱摄影在近几年来也成为一个独立的新兴行业。与普通的艺术照片不同，婚纱摄影要求的精美度更高，不仅仅是背景的合成，还包括人物的修饰、美化等，因此，Photoshop 成为影楼制作婚纱照片的必备工具。

（11）　视觉创意

视觉创意为广大设计爱好者提供了广阔的设计空间，可以让设计者充分展示自己的想象力和设计才华，因此越来越多的设计爱好者开始学习 Photoshop，进行具有个人特色与风格的视觉创意设计。

（12）　图标制作

使用 Photoshop 可以制作各类精美图标，并使用 Photoshop 强大的修饰功能来对图标进行

修饰美化。

（13） 界面设计

随着软件业人才的辈出，行业竞争力度加大，软件界面的设计也成为软件企业及开发者所日益重视的问题，但目前还没有专门用于制作界面设计的专业软件，因此绝大多数设计者在设计软件界面时使用的都是 Photoshop。

除了上述 13 个应用领域外，Photoshop 还可以做很多事，例如目前的影视后期制作及二维动画制作，Photoshop 都是不可或缺的帮手。

1.2　Photoshop CC 2017 的工作界面

安装 Photoshop CC 2017 后，"开始"|"程序（所有程序）"菜单中会显示该启动项，选择"开始"|"程序（所有程序）"|"Photoshop CC 2017"命令，或者在桌面上放置程序的快捷方式，双击该快捷方式图标，即可启动程序，进入 Photoshop CC 2017 的工作界面，如图 1-3 所示。

图 1-3　Photoshop CC 2017 工作界面

1.　工作区

默认情况下，Photoshop CC 2017 的工作区中包含应用程序栏、选项卡式文档窗口、工具栏、常用面板组等常用的元素。

（1） 应用程序栏

应用程序栏位于程序窗口的顶部，其中包含控制按钮、菜单栏和"最小化"、"最大化/还原"、"关闭" 3 个窗口控制按钮，如图 1-4 所示。

控制按钮　　　　　　菜单栏　　　　　　　　　　　　　　　　　　窗口控制按钮

图 1-4　应用程序栏

（2）　文档窗口

文档窗口用于显示用户正在处理的文件。默认情况下，当打开多个 Photoshop 文档窗口时，这些文档的标题会以选项卡标签的形式并排显示在文档窗口上方，以便用户切换，如图 1-5 所示。

（3）　工具栏

工具栏默认位于程序窗口的左侧，其中包含用于创建和编辑图像、图稿、页面元素等的工具，单击工具栏顶部的"折叠/展开"按钮▶▶可更改按钮排列的方式，如图 1-6 所示。

图 1-5　应用程序栏

图 1-6　工具栏

（4）　面板组

默认情况下，在程序窗口右侧垂直排列着"颜色"、"调整"、"图层"等面板组，这些面板组可以帮助用户监视和修改当前的工作。例如，当用户在图层中工作时，"图层"面板中会适时显示相应的工作内容。用户可以对这些面板组进行重新编组、堆叠或者停放，并且可以根据需要显示或者隐藏某个面板或者面板组。

2.　辅助工具

在设计制作图形图像时总少不了一些辅助工具：标尺、网格、参考线。Photoshop CC 2017 同样为我们提供了这些工具。

（1）　标尺

使用标尺可有助于精确定位图像或元素。选择"视图"|"标尺"命令，即可在文档窗口顶部和左侧显示标尺，如图 1-7 所示。当用户在文档窗口中移动指针时，标尺内的标记会显示指针的位置。

用户可以更改标尺原点(0,0)，以便从图像上特定点开始度量。标尺原点也确定了网格的原点。更改标尺零原点的方法是：选择"视图"|"对齐到"子菜单中的所需命令，如参考线、切片、文档边界或者网格等，此操作将使标尺原点与这些参照物对齐。接下来，将指针放在窗口左上角标尺的交叉线上，然后沿对角线向下拖移到图像上。这时会显示一组十字线，它们标出了标尺的新原点。双击标尺左上角可将标尺原点恢复到默认位置。

图 1-7　显示标尺

　　若要更改测量单位，可双击标尺，打开"首选项"对话框的"单位与标尺"选项卡，在"单位"选项组的"标尺"下拉列表框中选择所需的单位，如图 1-8 所示。

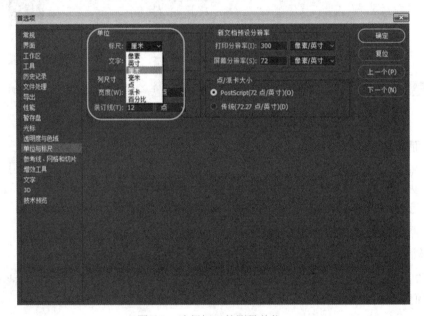

图 1-8　选择标尺的测量单位

> **提　示**
>
> 在拖动指示线时按住 Shift 键，可以使标尺原点与标尺刻度对齐。

　　（2）　网格和参考线

　　网格和参考线可以帮助用户精确地定位图像和元素。参考线包括普通参考线和智能参考线，智能参考线可以帮助对齐形状、切片和选区，在用户绘制形状或创建选区、切片时，智能参考线会自动出现。用户可以根据需要显示或隐藏网格和参考线。

选择"视图"|"显示"|"网格"、"参考线"或"智能参考线"命令，即可显示或者隐藏相应的元素。

在使用参考线时，需要先显示标尺，然后选择"视图"|"新建参考线"命令，打开"新建参考线"对话框，设置参考线的取向和位置，然后单击"确定"按钮，如图 1-9 所示。或者也可以直接从水平标尺或者垂直标尺上向文档窗口内拖动，以创建水平或垂直参考线，如图 1-10 所示。

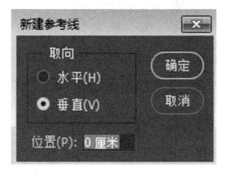

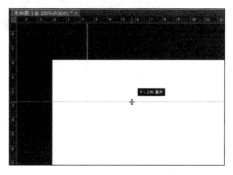

图 1-9　"新建参考线"对话框　　　　　图 1-10　从标尺拖动出参考线

创建了参考线后，若要移去某条参考线，可将该参考线拖移到图像窗口之外；若要移去全部参考线，则可选择"视图"|"清除参考线"命令。

1.3　计算机中的图像

计算机以矢量图或位图这两种格式来显示图形。其中位图又称为点阵图，矢量图又称为向量图。像 Flash、Freehand、CorelDraw、Illustrator 和 AutoCAD 等软件主要采用的是矢量图方式；而 Adobe Photoshop，Corel Photopaint 和 Design Painter 等软件则主要采用的是点阵图方式。实际上，越来越多的应用软件已经既能处理点阵图，又能处理矢量图，并把它们加以集成。因此，处理点阵图和矢量图的方式往往是相互配合、融合在一起的，也只有这样才能够处理点阵图。由此可见，了解这两种类型的图像是十分必要的。

❖1.3.1　位图

位图图像在技术上称作栅格图像，使用图片元素的矩形网格即像素来表现图像。每个像素都分配有特定的位置和颜色值，非常类似于用镶嵌的方式来创建图像，当把一幅位图放大时就可以看到，图像似乎是由一个个具有特定位置和颜色值的方格构成的，如图 1-11 所示。

我们在处理位图图像时，所编辑的是像素而不是对象或者形状。位图图像是连续色调图像（如照片或数字绘画）最常用的电子媒介，因为它们可以更有效地表现阴影和颜色的细微层次。位图图像与分辨率有关，也就是说，它们包含固定数量的像素。因此，如果在屏幕上以高缩放比率对它们进行缩放或以低于创建时的分辨率来打印它们，将会丢失其中的细节，并会呈现出锯齿。

图 1-11　放大位图

位图图像有时需要占用大量的存储空间，在某些 Creative Suite 组件中使用位图图像时，通常需要对其进行压缩以减小文件大小。例如，将图像文件导入布局之前，应先在其原始应用程序中压缩该文件。

❖1.3.2　矢量图

图 1-12　矢量图

矢量图形又被称作矢量形状或者矢量对象，它是以数学的矢量方式记录图像内容，以一系列的线段或其他造型描述一幅图像，内容以线条和色块为主，通常它以一组指令的形式存在，这些指令描绘图中所包含的每个直线、圆、弧线和矩形的大小及形状。例如，图 1-12 所示的图像可以由创建图形轮廓的线条所经过的点来描述；图形的颜色由轮廓的颜色和轮廓所包围区域的颜色决定。

用户可以任意移动或修改矢量图形，而不会丢失细节或影响清晰度，因为矢量图形与分辨率无关。无论用户是调整矢量图形的大小、将矢量图形打印到 PostScript 打印机、在 PDF 文件中保存矢量图形，还是将矢量图形导入到基于矢量的图形应用程序中，矢量图形都会保持清晰的边缘。因此，对于将在各种输出媒体中按照不同大小使用的图稿（如徽标），矢量图形是最佳选择。

矢量图文件占的容量相对较小，并且不会失真，精确度较高，可以制作 3D 图像。但是，矢量图不宜制作色调丰富或者色彩变化太多的图像，而且绘制出来的图形不是很逼真，无法像照片一样精确地描写自然界的景象，最适合制作一些由线条或色块构成的图形，如色彩简单的图像，或者像卡通形象一类的夸张造型。

❖1.3.3　像素与分辨率

像素是组成一幅图画或照片的最基本单元，像素尺寸测量了沿图像的宽度和高度的总像素数。像素点分布越密集，就越能把物体的细枝末节表现出来。所以，如果一张照片的像素越高，照片就会越精细，反之像素越低，照片就越粗糙，很多细节就难以表现出来。

分辨率是指位图图像中的细节精细度，测量单位是像素/英寸（ppi），即单位长度内所包含的像素的多少。每英寸的像素数越多，图像分辨率就越高。一般来说，图像的分辨率越高，得到的印刷图像质量就越好。

在 Photoshop 中，可以在"图像大小"对话框中查看图像大小和分辨率之间的关系。选择"图像"|"图像大小"命令，打开"图像大小"对话框，取消选择"重定图像像素"对话

框，然后更改"文档大小"选项组中的"宽度"、"高度"或"分辨率"其中一项值，可以看到其他两个值会发生相应的变化，如图 1-13 所示。

图 1-13　"图像大小"对话框

❖1.3.4　颜色模式

在任何一种类型的绘画中，色彩的运用都是不可忽视的因素，电脑绘图也不例外。在电脑中，要勾画出一幅生动的图像，必须先设置图像的颜色。计算机专家用不同的色彩模式来定义颜色，例如 RGB 和 CMYK 等。不同的色彩模式定义的颜色范围不同，因此它的应用方法也各不相同。

颜色实质上是一种光波，它之所以能够被看到，是因为有光线、被观察对象，以及观察者这 3 个实体。被观察对象吸收或者反射不同波长的光波，在人眼中形成了颜色。例如，在阳光下看到某物体呈红色，是因为该物体吸收了其他波长的光，只是把红色波长的光反射到人眼里的缘故。当不同波长的光一起进入人眼时，视觉器官并不把它们区别开来，而是将其混合处理，作为一种颜色接收。同样，在图像进行色彩处理时也要进行颜色混合，这其中所要遵循的一个原则，就是颜色模式。

常见的颜色模式有 RGB 模式、Lab 模式、HSB 模式、YUV 模式和 CMYK 模式。这是人们对颜色的几种描述方法。

1.　RGB 模式

该模式由红、绿和蓝 3 种原色组合而成,然后由这 3 种原色混合而产生成千上万种颜色。科学研究发现，自然界中所有的颜色，都可以由红、绿、蓝 3 种颜色的不同强度组合而成，这就是人们常说的三基色原理。因此，R、G、B 三色也被称为三基色，或三原色。把这 3 种颜色叠加到一起，将会得到更加明亮的颜色，所以 RGB 颜色模式也叫加色原理。在 RGB 模式下，每一个像素由一个 24 位数表示，其中 R、G、B 3 种原色各使用了 8 位，因此每一种原色都可以表现出 256 种不同深度的色调，3 种原色混合起来就可以生成 1 667 万种颜色，也就是人们常说的真彩色。对于常见的电视机和显示器等自发光物体的颜色描述就是采用了 RGB 色彩模式。三种基色两两重叠，就产生了青、洋红和黄 3 种次混合色，同样也引出了互补色的概念。基色和次混合色是彼此的互补色，即彼此之间最不一样的颜色，例如，青色由蓝、绿两色混合构成，而红色是缺少的一种颜色，因此青色与红色构成了互补色。互补色放在一起，对比明显醒目。掌握这一点，对于艺术创作中利用颜色来突出主体特别有用。另外，RGB 图像文件比 CMYK 图像文件要小得多，可以节省存储空间。

2. Lab 模式

Lab 颜色模式是由 RGB 三基色转换而来的，它是 RGB 模式转换为 HSB 模式和 CMYK 模式的桥梁。该颜色模式由一个发光率（Lightness）和两种颜色 a、b 组成，用颜色轴构成平面上的环形线来表示颜色的变化，其中径向表示色饱和度的变化，自内向外饱和度逐渐增高；圆周方向表示色调的变化，每个圆周形成一个色环。而不同的发光率表示不同的亮度，并对应不同环形颜色变化线。它是一种具有独立于设备的颜色模式，即不论使用任何一种显示器或者打印机，Lab 的颜色都不会改变。Lab 模式是目前所有模式中包含色彩范围最广的模式，能毫无偏差地在不同系统和平台之间进行交换。

3. HSB 模式

HSB 颜色模式是一种基于人的直觉的颜色模式，它将颜色看成 3 个要素，色相（Hue）、饱和度（Saturation）和亮度（Brightness）。因此，这种颜色模式比较符合人的主观感受，可让使用者觉得更加直观。它可由底与底对接的两个圆锥体立体模型来表示，其中轴向表示亮度，自上而下由白变黑；径向表示色饱和度，自内向外逐渐变高；而圆锥体圆周方向则表示色调的变化，形成色环。利用此模式，可以很轻松地选择各种不同明亮度的颜色。

4. CMYK 模式

该模式是一种印刷模式，在彩色印刷中使用，它由青（Cyan）、洋红（Magenta）、黄（Yellow）和黑（Black）4 种颜色组成。CMYK 颜色模式中，黑色之所以用 K 表示，是为了避免和 RGB 三基色中的蓝色发生混淆。在本质上，CMYK 模式与 RGB 模式没有区别，但它们产生色彩的方式不同。RGB 模式产生色彩的方式称为加色法，CMYK 模式产生色彩的方式称为减色法。例如，显示器采用 RGB 模式，这是因为显示器可以用电子光束轰击荧光屏上的磷质材料发出光亮，从而产生颜色，当没有光时为黑色，光线加到极限时为白色。假如采用 RGB 色彩模式去打印一份作品，将不会产生颜色效果，因为打印油墨不会自己发光，因而只有采用一些能够吸收特定的光波并靠反射其他光波产生颜色的油墨。也就是说，当所有的油墨加在一起时是纯黑色，油墨减少时才开始出现色彩，当没有油墨时就成为白色。这样就产生了各种颜色，这种色彩生成方式称为减色法。在处理图像时，一般不采用 CMYK 模式，因为这种模式的文件大，会占用更多的磁盘空间和内存。此外，在这种模式下，很多滤镜都不能使用，所以编辑图像很大的不便，因而通常都是在印刷时才转化成这种模式。

❖1.3.5　颜色深度

图像数字化后，能否真实反映出图像的颜色，是十分重要的问题。在计算机中，采用颜色深度这一概念说明其处理色彩的能力。

颜色深度指的是每个像素可以显示出的颜色数，它和数字化过程中的量化数有着密切的关系，因此颜色深度基本上用多少量化数 bite 表示。显然，量化 bite 数越高，每个像素可显示出的颜色数目就越多。对应不同的量化数，bite 就有"伪彩色"、"高彩色"和"真彩色"等几种称呼。

对于真彩色来讲，每个像素所能显示的颜色数是 24 位，也就是 2 的 24 次方，约有 1 680 万种颜色。这么多颜色数目，已远远超过了人眼可分辨的颜色，所以人们就把 24 位颜色称为真彩色。

高彩色是 16 位颜色，采用这种方式，每个像素所能显示的颜色数是 2 的 16 次方，有 65 536 种颜色。

伪彩色是 8 位颜色，采用这种方式，每个像素所能显示的颜色数是 2 的 8 次方，即 256 种颜色。但这种方式显示的 256 种颜色，并不是固定的，一般都是从 24 位颜色中选出最为接近的 256 种颜色。颜色深度和文件的大小有着密切联系，量化数越高，色彩就越丰富，越真实，文件就越大。因此，在网络上多使用 256 色。另外，可能还会看到 32 位颜色深度的说法，实际上它仍是 24 位颜色深度，剩下的 8 位每一个像素存储透明度信息，也称做 Alpha 通道，8 位的 Alpha 通道意味着每个像素均有 256 个透明度等级。

1.4　画布的使用

画布是用户绘制和编辑图像的主要位置，用户设计制作好图像后，输出时将只看到位于 Photoshop 画布中的图像内容，而画布之外工作区中的内容是看不到的。用户可以更改画布的大小，并且可以旋转画布，这不会使图像变形。

❖1.4.1　更改画布大小

可以使用缩放工具或者"视图"菜单中的缩放命令来放大或者缩小图像。

缩放工具位于工具栏上，单击"缩放工具"按钮 🔍，即可选择该工具。选择缩放工具后，文档窗口顶部的"选项"工具栏中会显示缩放工具的相关选项，如图 1-14 所示。

🔍 ~　🔍 🔍　☐ 调整窗口大小以满屏显示　☐ 缩放所有窗口　☑ 细微缩放　　100%　　适合屏幕　　填充屏幕

图 1-14　缩放工具的选项工具栏

单击"缩放工具"按钮 🔍，在缩放工具的选项工具栏中单击"放大" 🔍 或"缩小" 🔍 按钮，然后在画布中单击，即可按预设的百分比放大或者缩小图像，并且以单击的点为中心将显示区域居中。当图像放大至最大放大级别 3200%，或者缩小至最小尺寸 1 像素时，放大镜看起来是空的，即不再放大或者缩小。

❖1.4.2　旋转画布

可以使用"旋转视图"工具来旋转画布。旋转画布可以整体旋转图像而不会使其变形，这在很多情况下都很有用，能使绘画或设计图像更加省事。

在工具栏上按下"抓手工具"按钮，从弹出菜单中选择"旋转视图工具"命令，选择旋转视图工具 🖐 然后在图像上按下鼠标左键，图像中会显示一个罗盘，如图 1-15 所示。

在图像中拖移鼠标，即可旋转画布。在拖移鼠标的过程中，无论当前画布是什么角度，图像中罗盘的红色指针都将指向北方。如果需要按特定角度旋转画

图 1-15　图像中显示罗盘

布，用户可在旋转视图工具的选项工具栏上的"旋转角度"文本框中输入所需的角度值，如图 1-16 所示。

图 1-16 旋转视图工具的选项工具栏

旋转画布后，若要使画布恢复到原始角度，可在旋转视图工具的选项工具栏上单击"复位视图"按钮。

1.5 本章小结

本章主要介绍了 Photoshop 中图像的基本操作，包括计算机图像的基本常识如位图和矢量图的概念、像素与分辨率、颜色模式、颜色深度，以及新建和打开图像的方法，查看图像的方法，画布的使用，保存图像等内容。通过本章的学习，读者应了解计算机图像的常识性知识，并掌握在 Photoshop CC 2017 中操作图像的基本方法。

1.6 习　　题

❖1.6.1　填空题

（1）　Photoshop 应用最为广泛的领域是_____。

（2）　计算机以_____或_____两种格式来显示图形。其中_____又称为点阵图，_____又称为向量图。

（3）　位图图像在技术上称作_____，使用图片元素的矩形网格即像素来表现图像。

（4）　矢量图形又被称作_____，它是以_____方式记录图像内容，以一系列的_____描述一幅图像，内容以_____为主。

（5）　组成一幅图画或照片的最基本单元是_____。

（6）　分辨率用来测量_____。

❖1.6.2　选择题

（1）　在用户绘制形状或创建选区、切片时，_____会自动出现。
　　　A. 标尺　　　　　　　　　　　　　　B. 网格
　　　C. 参考线　　　　　　　　　　　　　D. 智能参考线

（2）　在一幅图像中，每英寸的像素数越多，图像的_____。
　　　A. 颜色越多　　　　　　　　　　　　B. 分辨率越高
　　　C. 线条和色块越多　　　　　　　　　D. 尺寸越大

（3）　颜色深度有"伪彩色"、"高彩色"和"真彩色"等几种称呼，其中_____每个像素所能显示的颜色数是 16 位，即 2 的 16 次方，有 65 536 种颜色。

    A. 真彩色   B. 高彩色

    C. 伪彩色   D. 都不是

（4） Photoshop 的默认文件格式是_____。

    A. PDF   B. PSB

    C. PSD   D. EPS

❖ 1.6.3　简答题

（1）　Photoshop 有什么作用？

（2）　什么是颜色模式和颜色深度？

（3）　如何将图像保存为可用于网页的文件格式？

❖ 1.6.4　上机实践

（1）　创建一个宽 16 厘米高 12 厘米、白色背景的新图像文件。

第 2 章

选择图像区域

教学目标：

选择在任何应用程序中都是最基本也是最重要的操作，在 Photoshop 中，我们可以选择图像的特定区域，单击对其进行编辑，而其他区域保持不变。本章即介绍选择图像区域的方法，包括选区的基本操作，基本选择工具的使用，魔棒工具的使用，快速选择工具的使用，用"色彩范围"命令选择区域，快速蒙版，细化选区，以及编辑选区等内容。通过本章的学习，读者应掌握如何选择图像区域并对其进行编辑。

教学重点与难点：

1. 基本选择工具的使用。
2. 魔棒工具的使用。
3. 快速选择工具的使用。
4. 细化选区。
5. 编辑选区。

2.1　选区的基本操作

选区用于分离图像的一个或多个部分。通过选择特定区域，用户可以编辑效果和滤镜并将其应用于图像的局部，同时保持未选定区域不会被改动。

❖2.1.1　关于选区

Photoshop 提供了单独的工具组，用于建立栅格数据区和矢量数据选区，例如，若要选择像素，可以使用选框工具或者套索工具。也可以使用"选择"菜单中的命令来选择全部像素，或者取消选择、重新选择。

可以对所选选区进行复制、移动、粘贴或者存储，或者将选区储存在 Alpha 通道中。Alpha 通道将"选区存储为"称作蒙版的灰度图像。蒙版类似于反选选区，它可以覆盖图像的未选定部分，并阻止对此部分应用任何编辑或操作。通过将 Alpha 通道载入图像中，可以将存储的蒙版转换回选区。如果要在整个图像或选定区域内选择一种特定颜色或颜色范围，可使用"色彩范围"命令。

❖2.1.2　选择图像区域

可以使用工具栏上的选框工具来选择图像区域。Photoshop CC 2017 为我们提供了 4 个选框工具：矩形选框工具▨；椭圆选框工具◯；单行选框工具▨；单列选框工具▮。初始时工具栏上默认显示矩形选框工具，如果要选择其他选框工具，可按下"矩形选框工具"按钮▨，从弹出菜单中选择要使用的工具的名称。

若选择了矩形选框工具或者椭圆选框工具，需在图像上拖动出相应的形状，形状内包含的区域将被选定。按住 Shift 键可将选区限制为正方形或者正圆形。

若选择了单行选框工具或单列选框工具，则在图像上单击所需的像素行或列即可将其选定。若位置不确切可将选框移动到正确位置。

按住 Shift 键可同时选择多个选区。若要选择全部像素，可选择"选择"|"全部"命令。

在选择某个选框工具后，选项工具栏上将会出现相关选项，每个选框工具可设置的选项有所不同。当选择矩形选框工具、椭圆选框工具、单行选框工具、单列选框工具后，选项工具栏如图 2-1 所示。

图 2-1　选框工具的选项工具栏

选项工具栏上各选项作用如下。

（1）"新建"▨：用于创建新选区。按下该按钮，当选择一个选区后，如果再选择另一个选区，前一个选区将自动取消。

（2）"添加到"▨：用于扩展选区。按下该按钮，当选择一个选区后，如果再选择另一个选区，将同时选择两个选区，如图 2-2 所示。

图 2-2　按下"添加到"按钮选择两个区域的效果

（3）"相减" ■：用于收缩选区。按下该按钮，当选择一个选区后，如果再选择另一个选区，新选区将被排除在选择区域之外，如图 2-3 所示。

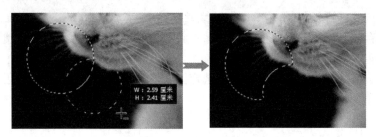

图 2-3　按下"相减"按钮选择两个区域的效果

（4）"交叉" ■：按下该按钮，当选择一个选区后，如果再选择另一个选区，将选中两个选区交叉的区域，如图 2-4 所示。

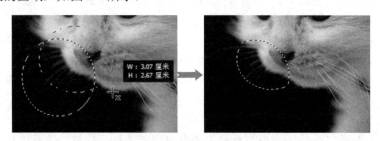

图 2-4　按下"交叉"按钮选择两个区域的效果

（5）"羽化"：用于通过建立选区和选区周围像素之间的转换边界来模糊边缘。这将丢失选区边缘的一些细节。

（6）"消除锯齿"：用于通过软化边缘像素与背景像素之间的颜色过渡效果，使选区的锯齿边缘平滑。由于只有边缘像素发生变化，因此不会丢失细节。消除锯齿在剪切、复制和粘贴选区以创建复合图像时非常有用。

（7）"样式"：用于设置选区的样式。有"正常"、"固定比例"和"固定大小"3 种样式可选。

（8）"宽度"：用于设置选区的宽度。

（9）"高度"：用于设置选区的高度。

（10）"选择并遮住"：用于创建或调整选区。

❖2.1.3 反选

反选是指选择指定区域之外的图像区域。要反选图像区域，可在使用选框工具选择一个区域后，选择"选择"|"反选"命令。

★例 2.1：选择椭圆区域之外的图像区域，如图 2-5 所示。

（1） 打开所需图像，在工具栏上按下"矩形选框工具"按钮，从弹出菜单中选择"椭圆选框工具"命令，选择椭圆选框工具。

（2） 在图像上拖动指针绘出一个椭圆形，该椭圆区域即被选定，如图 2-6 所示。

（3） 选择"选择"|"反向"命令，选中椭圆之外的图像区域。

图 2-5 选择椭圆区域之外的图像区域

被选择的椭圆区域

图 2-6 选定椭圆区域

❖2.1.4 取消选择与重新选择

如果在选择选区时选框工具没有按照预期方式工作，可能是因为已隐藏某个选区。这时用户需要通过选择"选择"|"取消选择"命令来取消刚才的选择，然后重新尝试用选框工具选择图像区域。

在取消选择选区时，如果该选区是用矩形选框工具、椭圆选框工具或套索工具选择的，除了可以使用"选择"|"取消选择"命令来取消选择选区外，也可通过鼠标单击的方法来取消选择选区，即在选定区域之外任何位置单击，即可取消选择该选区。

取消选择某个选区后，如果需要重新选择该选区，可选择"选择"|"重新选择"命令。此操作可恢复对最近建立的选区的选择。

❖2.1.5 移动和复制选区

可以利用移动工具或者菜单命令来移动或复制选区。移动和复制操作可以在同一图像中进行，也可以在不同图像间进行，即可以将一个图像文件中的一个或者多个选区移动或复制到另一个图像文件中。

1. 移动选区

在工具栏上单击"移动工具"按钮，然后拖动已选定的选区，即可将其移动到其他位

置。移动选区时 Photoshop 还会提示选区当前的位置，如图
2-7 所示。如果同时选择了多个区域，在拖动时将移动所有
区域。

如果要将某个选区移动到另一个图像文件中，可以使
用菜单命令，方法是选择一个或多个选区后，选择"编辑"
|"剪切"命令，将其存放到剪贴板中，然后将插入点放置
到目标位置，选择"编辑"|"粘贴"命令。

图 2-7　移动选区

2. 复制选区

在图像内或图像间拖动选区时，可以使用移动工具复
制选区，也可以使用"拷贝"、"合并拷贝"、"剪切"和"粘
贴"命令来拷贝和移动选区。在使用不同分辨率的图像中粘贴选区或图层时，粘贴的数据将
保持其像素尺寸，这可能会使粘贴的部分与新图像不成比例，因此在复制和粘贴图像之前，
可使用"图像大小"命令使源图像和目标图像的分辨率相同，或者使用"自由变换"命令调
整粘贴内容的大小。

要使用移动工具复制选区，可在选择移动工具后，按住 Ctrl 键拖动选定的选区。若使用
命令来复制选区，可选择"编辑"|"拷贝"或"编辑"|"选择性拷贝"|"合并拷贝"命令。
这两个命令的不同之处在于："拷贝"命令用于拷贝现用图层上的选中区域，而"合并拷贝"
命令可以拷贝选区中所有的可见图层。

3. 将一个选区粘贴到另一个选区的里面或外面

使用"贴入"或"外部粘贴"命令会向图像添加一个图层和图层蒙版。图层蒙版基于贴
入的选区，选区不使用蒙版（白色），而图层的其余部分使用蒙版（黑色）。图层和图层蒙版
之间没有链接，用户可以单独移动其中的一个。

要将一个选区粘贴到另一个选区的里面使之成为蒙版，应先选择所需的选区，然后选择
"编辑"|"选择性粘贴"|"贴入"命令。此时"图层"面板中会显示一个新图层，其中包含
两个缩览图，左缩览图是贴入的选区，右缩览图是使用蒙版的图层其余部分，如图 2-8 所示。

若要将一个选区粘贴到另一个选区的外面，则在选择所需选区后，应选择"编辑"|"选
择性粘贴"|"外部粘贴"命令。此时"图层"面板中也会显示一个新图层，其中包含两个缩
览图，左缩览图是目标选区的外部区域，右缩览图是目标选区，如图 2-9 所示。

图 2-8　贴入选区

图 2-9　外部粘贴

粘贴选区后，选择移动工具，拖动源内容，即可将拷贝的选区移动到新的位置，直到想要的部分被蒙版覆盖为止。

★例 2.2：分别使用"贴入"和"外部粘贴"命令粘贴选区，分辨两者结果的不同。

（1） 打开图像文件"1.jpg"、"2.jpg"，如图 2-10 所示。

图 2-10 打开图像文件

（2） 切换到"2.jpg"，在"调整"面板中单击"亮度/对比度"按钮，显示"亮度/对比度"属性面板，将"亮度"值更改为 50，增加图像亮度，此时"图层"面板中将增添一个"亮度/对比度 1"图层，如图 2-11 所示。

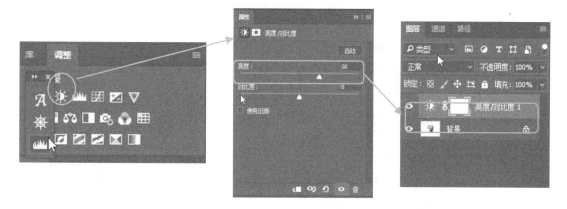

图 2-11 调整亮度

（3） 在工具栏中选择磁性套索工具 ，然后拖动指针选择苹果，如图 2-12 所示。

（4） 选择"编辑"|"合并拷贝"命令。（注意：选择"拷贝"命令只能复制"亮度/对比度 1"图层中的选区，而"合并拷贝"命令则可以同时复制"背景"图层中的相应选区。）

（5） 切换到"1.jpg"文档，选择椭圆选框工具在图像中拖出一个选区，如图 2-13 所示。

（6） 在"1.jpg"文档中选择"编辑"|"选择性粘贴"|"贴入"命令，将从"2.jpg"文档中复制的选区粘贴到"1.jpg"文档的选区中，如图 2-14 所示。

（7） 选择移动工具，在目标选区内移动贴入的选区，如图 2-15 所示。

图 2-12　在"2.jpg"文档中选择选区

图 2-13　在"1.jpg"文档中选择选区

图 2-14　贴入选区

图 2-15　移动贴入选区

（8）　在工具栏上选择套索工具 ，在粘贴的图案周围拖出一个选区，如图 2-16 所示。

（9）　选择"编辑"|"合并拷贝"命令。

（10）　选择"编辑"|"选择性粘贴"|"外部粘贴"命令。

（11）　在工具栏上选择移动工具，拖动选区将其移动到所需位置，如图 2-17 所示。

图 2-16　用套索工具选择区域

图 2-17　移动外部粘贴的选区

❖2.1.6　隐藏与显示选区

可以隐藏或者显示选区边缘，方法是选择"视图"|"显示额外内容"命令。此命令不但可以显示或者隐藏选区边缘，还可以显示或者隐藏网络、参考线目标路径、切片、注释、图层边框、计数以及智能参考线。

此外也可以选择"视图"|"显示"|"选区边缘"命令，此操作将切换选区边缘的视图并且只影响当前选区，在建立另一个选区时，选区边框将重新出现。

2.2　套索工具的使用

在例 3.2 中我们用到了套索工具，可以想见，套索工具也是选择工具之一。Photoshop 提供了 3 种套索工具：普通套索工具；多边形套索工具；磁性套索工具。这 3 种工具集成在工具栏上的"套索工具"按钮组中，初始状态下显示"套索工具"按钮，按下该按钮，从弹出菜单中可以选择其他两个套索工具，如图 2-18 所示。

图 2-18　"套索工具"弹出菜单

❖2.2.1　套索工具

套索工具对于绘制选区边框的手绘线段十分有用，可以很方便地选择不规则的选区。

套索工具的使用方法是：在工具栏上单击"套索工具"按钮![套索工具图标]，选择套索工具，在选项栏中设置羽化和消除锯齿，然后拖动指针以绘制手绘的选区边界。若要在直边线段和手绘线段间切换，可按住 Alt 键单击线段的起始位置和结束位置。若要抹去刚绘制的线段，可按 Delete键。绘制完毕，在未按住 Alt 键的情况下释放鼠标，即可闭合选区边界。

❖2.2.2　多边形套索工具

多边形套索工具对于绘制选区边框的直边线段十分有用。在工具栏上按下"套索工具"按钮，从弹出菜单中选择"多边形套索工具"命令，选择该工具，设置相应选项，然后在图像中单击以设置起点。若要绘制直线段，可将指针放到第一条直线段结束的位置单击。继续单击可设置后续线段的端点。若要绘制角度为 45º 的倍数的直线，可按住 Shift 键单击鼠标。若要抹去刚绘制的线段，可按 Delete 键。绘制完毕，双击鼠标，或者将多边形套索工具的指针放在起点上单击即可。

❖2.2.3　磁性套索工具

使用磁性套索工具时，边界会对齐图像中定义区域的边缘。磁性套索工具不可用于 32位/通道的图像。磁性套索工具特别适用于快速选择与背景对比强烈且边缘复杂的对象。

选择磁性套索工具后，在选项工具栏中设置所需选项，然后在图像中单击，设置第一个紧固点。紧固点会将选框固定住。沿想要跟踪的图像边缘移动指针，磁性套索工具会定期将紧固点添加到选区边框上，以固定前面的线段，如图 2-19 所示。如果边框没有与所需的边缘对齐，可单击一次以手动添加一个紧固点，然后继续跟踪边缘。按 Delete 键可抹去上一个紧固点。

图 2-19　紧固点将选区边框固定在边缘上

在使用磁性套索工具的时候，可以通过快捷键的辅助临时切换到其他套索工具：按住 Alt 键拖动鼠标可临时切换到套索工具；按住 Alt 键单击可以临时切换到多边形套索工具。绘制完毕，双击鼠标或按 Enter 键即可。

磁性套索工具的选项设置（选项工具栏中）比较复杂，下面简单介绍一下这些选项。

（1）"宽度"：用于指定检测宽度。磁性套索工具只检测从指针开始指定距离以内的边缘。按右方括号键（]）可将磁性套索边缘宽度增大 1 像素；按左方括号键（[）可将磁性套索宽度减小 1 像素。

（2）"对比度"：用于指定套索对图像边缘的灵敏度，有效数值为 1%～100%。较高的数据值将只检测与其周边对比鲜明的边缘，较低的数值将检测低对比度边缘。

（3）"频率"：用于指定套索以什么频度设置紧固点，有效值为 0～100。较高的数值会更快地固定选区边框。

> **提 示**　在边缘精确定义的图像上，可以使用更大的宽度和更高的边对比度，然后大致地跟踪边缘；在边缘较柔和的图像上，则可以尝试使用较小的宽度和较低的边对比度，然后更精确地跟踪边框。

（4）"光笔压力" 🖉：如果正在使用光笔绘图板，应选择或取消选择"光笔压力"选项。选中该选项时，将增大光笔压力，从而导致边缘宽度减小。

2.3　魔棒工具和快速选择工具的使用

在工具栏上按下"魔棒工具" 🪄或"快速选择工具" 🖌按钮，可以看到弹出菜单中包含两个工具：魔棒工具和快速选择工具。这两个工具可以让用户快速选择特定的选区而不必跟踪其轮廓。

❖2.3.1　魔棒工具

使用魔棒工具可以快速选择颜色一致的区域，如一片绿叶、一朵红花等。在使用魔棒工具选择区域时，用户需要指定相对于单击的原始颜色的选定色彩范围或容差。不能在位图模式的图像或 32 位/通道的图像上使用魔棒工具。

在工具栏上选择"魔棒工具" 🪄，然后在选项工具栏中指定所需的选项，如图 2-20 所示。

图 2-20　设置魔棒工具选项

在魔棒工具的选项工具栏中可以指定以下选项：

（1）"容差"：用于确定所选像素的色彩范围。有效值为 0～255，单位为像素。如果此值较低，魔棒工具会选择与所单击像素非常相似的少数几种颜色；如果此值较高，则会选择范围更广的颜色。

（2）"消除锯齿"：用于创建较平滑边缘的选区。

（3）　"连续"：用于只选择使用相同颜色的邻近区域。否则将会选择整个图像中使用相同颜色的所有像素。

（4）　"对所有图层取样"：用于使用所有可见图层中的数据选择颜色。否则魔棒工具将只从现用图层中选择颜色。

设置完魔棒工具选项之后，单击要选择的颜色，即可选中所需的颜色区域。

★例 2.3：使用魔棒工具选择和拷贝、粘贴选区。

（1）　打开图像文件"1.jpg"、"3jpg"。

（2）　切换到"3.jpg"，调整其亮度值为-30。

（3）　在工具栏中选择魔棒工具。

（4）　在选项工具栏中将"容差"值设置为 150，取消对"消除锯齿"和"连续"复选框的选择，并确保选中"对所有图层取样"复选框，如图 2-20 所示。

（5）　用魔棒工具单击橘子，选择选区，如图 2-21 所示。

（6）　选择"编辑"|"合并拷贝"命令。

（7）　切换到"1.jpg"文档，选择椭圆选框工具在图像中拖出一个选区，如图 2-22 所示。

图 2-21　在"2.jpg"文档中选择选区　　　　图 2-22　在"1.jpg"文档中选择选区

（8）　在"1.jpg"文档中选择"编辑"|"选择性粘贴"|"贴入"命令，将从"3.jpg"文档中复制的选区粘贴到"1.jpg"文档的选区中，如图 2-23 所示。

（9）"编辑"|"变换"|"缩放"命令将橘子缩放至合适大小，选择移动工具，在目标选区内移动贴入的选区，如图 2-24 所示。

图 2-23　贴入选区　　　　　　　　　图 2-24　缩放并移动

❖2.3.2　快速选择工具

快速选择工具可以利用可调整的圆形画笔笔尖快速"绘制"选区。拖动时，选区会向外

扩展并自动查找和跟随图像中定义的边缘。

在工具栏上选择快速选择工具 ，并在选项工具栏中设置所需选项，然后在要选择的图像部分中拖动，选区将随着绘画区域的增大而增大。在形状边缘的附近绘画时，选区会扩展以跟随形状边缘的等高线。如果停止拖动，然后在附近区域内单击或拖动，选区将增大以包含新区域。

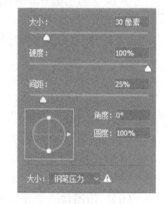

在快速选择工具的选项工具栏中可以设置以下选项。

（1）"新建" ：用于创建新建区。

（2）"添加到" ：用于扩展选区。

（3）"相减" ：用于收缩选区。

（4）"画笔" ：单击该按钮可弹出一个下拉菜单，用于更改画笔笔尖大小、硬度、间距等，如图 2-25 所示。

（5）"对所有图层取样"：用于基于所有图层而不是仅基于当前选定图层创建一个选区。

图 2-25 "画笔"弹出菜单

（6）"自动增强"：用于减少选区边界的粗糙度和块效应。选中该选项后，Photoshop 将自动将选区向图像边缘进一步流动并应用一些边缘调整。

2.4 使用"色彩范围"命令选择区域

使用"色彩范围"命令可以选择现有选区或整个图像内指定的颜色或色彩范围。如果想替换选区，在应用此命令前应确保已取消选择所有内容。"色彩范围"命令不可用于 32 位/通道的图像。

若要细调现有的选区，可重复使用"色彩范围"命令选择颜色的子集。例如，若要选择绿选区内的黄色区域，应在"色彩范围"对话框中选择"黄色"选项并单击"确定"按钮，然后重新打开"色彩范围"对话框并选择"绿色"。不过，由于此技术在颜色混合中选择部分颜色，因此结果不是很明显。

选择"选择"|"色彩范围"命令，打开"色彩范围"对话框，设置所需选项，即可选择色彩范围，如图 2-26 所示。

"色彩范围"对话框中各选项功能如下。

（1）"选择"：用于选择要取样的色彩。可以选择"取样颜色"工具、颜色或色调范围，但不能调整选区。"溢色"选项仅适用于 RGB 和 Lab 图像。

（2）"检测人脸"：如果在"选择"下拉列表框中选择了"肤色"选项，"检测人脸"复选框将被激活。选择此选项可自动检测人脸区域。

（3）"本地化颜色簇"：如果正在图像中选择多个颜色范围，可选中"本地化颜色簇"复选框来构建更加精确的选区。

图 2-26 "色彩范围"对话框

（4）　"颜色容差"：用于调整选定颜色的范围，可以控制选择范围内色彩范围的广度，并增加或减少部分选定像素的数量。设置较低的"颜色容差"值可以限制色彩范围；设置较高的"颜色容差"值则可以增大色彩范围。

（5）　"范围"：用于控制要包含在蒙版中的颜色与取样点的最大和最小距离。例如，图像在前景和背景中都包含一束黄色的花，但用户只想选择前景中的花，此时可对前景中的花进行颜色取样，并缩小范围，以避免选中背景中有相似颜色的花。

（6）　"选择范围"：用于预览由于对图像中的颜色进行取样而得到的选区。默认情况下，白色区域是选定的像素，黑色区域是未选定的像素，而灰色区域则是部分选定的像素。

（7）　"图像"：用于预览整个图像。当用户需要从不在屏幕上的一部分图像中取样时此选项很有用。

（8）　"选区预览"：用于在图像窗口中预览选区。

（9）　"存储"：用于存储色彩范围设置。

（10）　"载入"：用于载入色彩范围设置。

（11）　"吸管工具"　：用于对颜色取样。将吸管指针放在图像或预览区域上单击，即可对要包含的颜色进行取样。

（12）　"添加到取样"　：用于向选区中添加颜色。

（13）　"从取样中减去"　：用于向选区中减去颜色。

★例 2.4：利用选择色彩范围功能和反选功能选择图像中的猫，如图 2-27 所示。

（1）　打开素材文件"4.jpg"文档，选择"选择"|"色彩范围"命令，打开"色彩范围"对话框。

（2）　在"选择"下拉列表框中选择"取样颜色"选项。

（3）　选中"本地化颜色簇"复选框。

（4）　将"颜色容差"文本框中的值更改为 50。

（5）　单击"添加到取样"按钮　，然后在"选区预览"框中单击猫图案周围的区域，如图 2-28 所示。

图 2-27　选择猫图案区域

图 2-28　设置色彩范围

（6）　单击"确定"按钮完成选择。

（7）　选择"选择"|"反向"命令。

2.5　调整选区边缘

通过调整选区边缘可以提高选区边缘的质量，从而方便抽出对象。调整选区边缘的手段有很多，如柔化边缘、去掉杂边、减少边缘像素等。

❖2.5.1　选择视图模式

可以在"选择并遮住"对话框中选择视图模式，以更改选区的显示方式。选区有两种视图模式：一是"显示原稿"，用于显示原始选区并进行比较；二是"显示半径"，用于在发生边缘调整的位置显示选区边框。

用任一选择工具创建选区后，单击选项栏中的"选择并遮住"按钮，或者选择"选择"|"选择并遮住"命令，打开"选择并遮住"对话框，在"视图模式"选项组中选中"显示半径"或"显示原稿"复选框，即可更改选区的视图模式，如图 2-29 所示。

图 2-29　"调整边缘"对话框

在"调整边缘"对话框中，除了可以选择视图模式外，还可以调整半径的大小、边缘的质量及输出选项等。下面简单介绍一下这些选项的功能。

（1）　"调整边缘画笔工具" 和 "画笔工具" ：用于精确调整发生边缘调整的边界区域。按 Shift+E 组合键可迅速从其中的一种工具切换到另一种工具。若要更改画笔大小，可按括号键。

（2）　"智能半径"：用于自动调整边界区域中发现的硬边缘和柔化边缘的半径。如果边框一律是硬边缘或柔化边缘，或者想要控制半径设置并且更精确地调整画笔，可取消对此选项的选择。

（3）　"半径"：用于确定发生边缘调整的选区边界的大小。对锐边应使用较小的半径，对较柔和的边缘则应使用较大的半径。

（4）　"平滑"：用于减少选区边界中的不规则区域，以创建较平滑的轮廓。

（5）　"羽化"：用于模糊选区与周围像素之间的过渡效果。

（6）　"对比度"：对比度增大时，沿选区边框的柔和边缘的过渡会变得不连贯。通常情况下，使用 "智能半径" 选项和调整工具效果会更好。

（7）　"移动边缘"：可使用负值向内移动柔化边缘的边框，或者使用正值向外移动这些边框。向内移动边框有助于从选区边缘移去不想要的背景颜色。

（8）　"净化颜色"：用于将彩色边替换为附近完全选中的像素的颜色。颜色替换的强度与选区边缘的软化度是成比例的。

> **注意**
>
> 由于 "净化颜色" 选项更改了像素颜色，因此它需要输出到新图层或文档，保留原始图层，这样用户可以在需要时恢复到原始状态。为了方便查看像素颜色中发生的变化，建议选择 "显示图层" 视图模式。

（9）　"数量"：用于设置更改净化和彩色边替换的程度。

（10）　"输出到"：用于决定调整后的选区是变为当前图层上的选区或蒙版，还是生成一个新图层或文档。

❖2.5.2　柔化选区边缘

可以通过消除锯齿和羽化来平滑硬边缘。消除锯齿功能适用于套索工具、多边形套索工具、磁性套索工具、椭圆选框工具和魔棒工具；羽化功能适用于选框工具、套索工具、多边形套索工具和磁性套索工具。

1. 消除锯齿

选择套索工具、多边形套索工具、磁性套索工具、椭圆选框工具或魔棒工具后，选项工具栏中都会显示可设置的 "消除锯齿" 选项。用户须在建立选区之前指定该选项，当建立选区之后就无法添加或消除锯齿功能了。

消除锯齿功能可以通过软化边缘像素与背景像素之间的颜色过渡效果，使选区的锯齿状边缘平滑。由于只有边缘像素发生变化，因此不会丢失细节。消除锯齿在剪切、拷贝和粘贴选区在创建复合图像时非常有用。

2. 羽化

可以在使用选择工具时为工具定义羽化，也可以向现有的选区中添加羽化。羽化效果仅

在移动、剪切、拷贝或填充选区后效果很明显。

选择选框工具、套索工具、多边形套索工具或磁性套索工具后，可在其选项工具栏中定义羽化值。若要为现有选区定义羽化边缘，则可选择"选择"|"修改"|"羽化"命令，打开"羽化选区"对话框，在"羽化半径"文本框中输入所需的值，单击"确定"按钮即可，如图 2-30 所示。

如果选区小而羽化半径大，小选区可能会变得非常模糊，以至于看不到，因此不可选。如果设置羽化值后打开如图 2-31 所示的警告对话框，应减小羽化半径或增大选区的大小。

图 2-30　"羽化选区"对话框　　　　　　　　　　图 2-31　警告对话框

❖2.5.3　从选区中移动边缘像素

当移动粘贴消除锯齿选区时，选区边框周围的一些像素也包含在选区内，这会在粘贴选区的边缘周围产生边缘或晕圈。用户可以使用"图层"|"修边"命令来编辑不想要的边缘像素，以减少选区上的边缘，或者从选区中移去杂边。

1.　减少选区上的边缘

可以使用"去边"命令将边像素的颜色替换为距离不包含背景色的选区的边缘较远的像素的颜色。

移动或粘贴消除锯齿选区后，选择"图层"|"修边"|"去边"命令，打开"去边"对话框，在"宽度"框中输入一个值以指定要在其中搜索替换像素的区域，如图 2-32 所示。大多数情况下，1 或 2 像素就足够了。

图 2-32　"去边"对话框

2.　从选区中移去杂边

当以黑色或白色背景为对照来消除选区的锯齿，并且想要将该选区粘贴到不同的背景时，可以使用"移去黑色杂边"或"移去白色杂边"命令来去除选区的边缘。例如，在白色背景上消除了锯齿的黑色文本的边缘会有灰色像素，在彩色背景上将可以看见这些像素。

移动或粘贴消除锯齿选区后，选择"图层"|"修边"|"移去黑色杂边"命令或"图层"|"修边"|"移去白色杂边"命令，即可从选区中移去杂边。

★例 2.5：打开素材文件"4.jpg"，用魔棒工具盒快速选择工具将猫图案做选区，然后将猫图案选区粘贴到一个新文档中，并移去选区中的黑色杂边。

（1）打开素材文件"4.jpg"，用魔棒工具盒快速选择工具将猫图案做选区，选择"编辑"|"拷贝"命令。

（2）创建一个与当前文档尺寸相同、白色背景的新文档，选择"编辑"|"粘贴"命令，将复制的猫咪图案粘贴到新文档中，如图 2-33 所示。

（3）执行 3 次"图层"|"修边"|"移去黑色杂边"命令。结果如图 2-34 所示。

图 2-33　粘贴选区

图 2-34　去除黑色杂边

2.6　编辑选区

可以对选区进行各种编辑，如创建边界选区、扩展与收缩选区、扩大选取与选取相似、对选区应用变换、存储选区、载入选区等。

❖2.6.1　创建边界选区

可以使用"边界"命令在现有选区边界的内部和外部选择像素的宽度。当要选择图像区域周围的边界或像素带而不是该区域本身时，就需要使用"边界"命令，例如清除粘贴对象周围的光晕效果时。

要在选区边界周围创建一个选区，需在使用选区工具建立选区后，选择"选择"|"修改"|"边界"命令，打开"边界选区"对话框，在"宽度"框中输入一个值，如图 2-35 所示。

边界宽度的有效值是 1～200 像素。新选区将为原始选定区域创建框架，此框架位于原始选区边界的中间。例如，若边框宽度设置为 20 像素，则会创建一个新的柔和边缘选区，该选区将在原始选区边界的内外分别扩展 10 像素，如图 2-36 所示。

图 2-35　"边界选区"对话框

图 2-36　创建边界选区

❖2.6.2 扩展与收缩选区

可以将选区按照特定数量的像素进行扩展或者收缩。在扩展或收缩选区时，选区边界中沿画布边缘分布的任何部分不受扩展命令影响。

使用选区工具建立选区后，选择"选择"|"修改"|"扩展"命令，打开"扩展选区"对话框，在"扩展量"框中输入一个 1～100 之间的像素值，即可扩展选区，如图 2-37 所示。

若选择"选择"|"修改"|"收缩"命令，打开"收缩选区"对话框，在"收缩量"框中输入一个 1～100 之间的像素值，则可收缩选区，如图 2-38 所示。

图 2-37　"扩展选区"对话框　　　　　　　图 2-38　"收缩选区"对话框

❖2.6.3 扩大选取与选取相似

使用"扩大选取"或"选取相似"命令可以扩展选区以包含具有相似颜色的区域。无法在位图模式的图像或 32 位/通道的图像上使用"扩大选取"和"选取相似"命令。

建立选区后，选择"选择"|"扩大选取"命令，可以在选区内添加包含所有位于"魔棒"选项中指定的容差范围内的相邻像素。若要包含整个图像中位于容差范围内的像素，而不只是相邻的像素，则应选择"选择"|"选取相似"命令。

可多次执行上述任一命令，以增量扩大选区。

❖2.6.4 平滑选区边缘

选择"选择"|"修改"|"平滑"命令，打开"平滑选区"对话框，在"取样半径"框中输入一个 1～100 之间的像素值，可以清除基于颜色的选区中的杂散像素，如图 2-39 所示。

对于选区中的每个像素，Photoshop 将根据半径设置中指定的距离检查它周围的像素。如果已选定某个像素周围一半以上的像素，则将此像素保留在选区中，并将此像素周围的未选定像素添加到选区中；如果某个像素周围选定的像素不到一半，则从选区中移去此像素。该操作的整体效果是将减少选区中的斑迹以及平滑尖角和锯齿线。

图 2-39　"平滑选区"对话框

❖2.6.5 存储选区

可以将任何选区存储为新的或现有的 Alpha 通道中的蒙版，然后从该蒙版重新载入选区。通过载入选区使其处理现用状态，添加新的图层蒙版，可将选区用作图层蒙版。存储选区的方法有两种：一是使用"通道"面板；二是使用"存储选区"命令。

1. 使用"通道"面板

使用"通道"面板可将选区存储到新通道。在选择要隔离的图像的一个或多个区域后，

选择"窗口"|"通道"命令，显示"通道"面板，单击面板底部的"将选区存储为通道"按钮 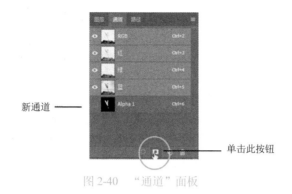，即会出现一个新通道，并按照创建的顺序而命名，如图 2-40 所示。

新通道 ————

单击此按钮

图 2-40　"通道"面板

2. 使用"存储选区"命令

使用"存储选区"命令既可将选区存储到新的通道，也可以存储到现有的通道。使用选择工具选择想要隔离的一个或多个图像区域后，选择"选择"|"存储选区"命令，打开"存储选区"对话框，指定目标图像和目标通道，并设置其他选项，然后单击"确定"按钮，即可存储选区，如图 2-41 所示。

"存储选区"对话框中各选项说明如下。

（1）"文档"：用于为选区选择目标图像。在默认情况下，选区放在现有图像中的通道内。可以选择将选区存储到其他打开的且具有相同像素尺寸的图像

图 2-41　"存储选区"对话框

的通道中，也可以存储到新图像中。要存储到新图像中，需在"文档"下拉列表框中选择"新建"选项，然后指定新通道的名称。

（2）"通道"：用于为选区选择一个目标通道。默认情况下，选区存储在新通道中。可以选择将选区存储到选中图像的任意现有通道中，也可以存储到图层蒙版中（如果图像包含图层的话）。

（3）"名称"：用于指定新通道的名称。当在"通道"下拉列表框中选择"新建"选项时，此选项才被激活。

（4）"替换通道"：用于替换通道中的当前选区。当在"通道"下拉列表框中选择"新建"选项时，此选项显示为"新建通道"。

（5）"添加到通道"：用于将选区添加到当前通道内容。

（6）"从通道中减去"：用于从通道内容中删除选区。

（7）"与通道交叉"：用于保留与通道内容交叉的新选区的区域。

❖2.6.6　载入选区

通过将选区载入图像可重新使用以前存储的选区。在完成修改 Alpha 通道后，用户也可以将选区载入到图像中。

1. 使用"通道"面板

显示"通道"面板,在"通道"面板中执行以下任一操作,都可载入选区。

(1) 选择 Alpha 通道,单击面板底部的"将通道作为选区载入"按钮,然后单击面板顶部旁边的复合颜色通道。

(2) 将包含要载入的选区的通道拖动到"将通道作为选区载入"按钮上。

(3) 按住 Ctrl 键单击包含要载入的选区的通道。

(4) 若要将蒙版添加到现有选区,按住 Ctrl+Shift 组合键单击通道。

(5) 若要从现有选区中减去蒙版,按住 Ctrl+Alt 组合键单击通道。

(6) 要载入存储的选区和现有的选区的交集,按住 Ctrl+Alt+Shift 组合键单击通道。

> **提 示**
>
> 可以将选区从打开的 Photoshop 图像中拖动到另一个图像中。

2. 使用"载入选区"命令

除了可以使用"通道"面板载入选区外,还可以使用"载入选区"命令载入存储的选区。如果要从另一个图像载入存储的选区,应确保将其打开。同时应确保目标图像处于现用状态。

选择"选择"|"载入选区"命令,打开"载入选区"对话框,设置所需的选项,即可载入存储的选区,如图 2-42 所示。

图 2-42 "载入选区"对话框

"载入选区"对话框中各选项说明如下。

(1) "文档":用于选择要载入的源。

(2) "通道":用于选择包含要载入的选区的通道。

(3) "反相":用于选择未选中区域。

(4) "新建选区":用于添加载入的选区。

(5) "添加到选区":用于将载入的选区添加到图像中的任何现有选区。

(6) "从选区中减去":用于从图像的现有选区中减去载入的选区。

(7) "与选区交叉":用于从与载入的选区和图像中的现有选区交叉的区域中存储一个选区。

2.7 典型实例——抠图

打开一个 JPEG 图像文件,利用"色彩范围"命令选择区域,将其拷贝到新文件中,并利用选择工具去除不需要的图像部分,得到一张新图像,如图 2-43 所示。

本实例将涉及到以下内容:

图 2-43 抠图效果

- 使用"色彩范围"命令建立区域
- 反选选区
- 拷贝与粘贴选区

1. 打开图像文件

（1）　选择"文件"|"打开"命令，打开"打开"对话框。

（2）　选择"素材"文件夹中的图像文件"3.jpg"。

（3）　单击"打开"按钮，打开图像文件，如图 2-44 所示。

2. 使用"色彩范围"命令建立选区

（1）　选择"选择"|"色彩范围"命令，打开"色彩范围"对话框。

（2）　在"选择"下拉列表框中选择"取样颜色"选项。

（3）　选中"本地化颜色簇"复选框，并将"颜色容差"值设置为 40。

（4）　单击"添加到取样"按钮。

（5）　在"选区预览"框中连续单击，以创建选区，如图 2-45 所示。

图 2-44　打开图像文件

图 2-45　选择色彩范围

（6）　单击"确定"按钮完成选择。

3. 反选并拷贝选区

（1）　选择"选择"|"反向"命令，反向选择图像区域，如图 2-46 所示。

（2）　选择"编辑"|"拷贝"命令，将选区复制到剪贴板上。

（3）　新建一个与当前文档尺寸相同背景色为透明的新文档，选择"编辑"|"粘贴"命令粘贴选区，如图 2-47 所示。

图 2-46　反选选区

图 2-47　拷贝选区

4. 使用磁性套索工具建立选区

（1） 在工具栏上按下"套索工具"按钮，从弹出菜单中选择"磁性套索工具"命令，选择磁性套索工具。

（2） 在主图像区域周围单击并拖动指针。

（3） 在需添加紧固点的位置单击以添加紧固点。

（4） 到达起始位置时双击鼠标闭合选区，如图 2-48 所示。

5. 删除不需要的图像区域

（1） 选择"选择"|"反向"命令，反选选区。

（2） 按 Delete 键，将当前选区删除，如图 2-49 所示。

（3） 双击图像外任意位置完成抠图。

图 2-48　用磁性套索建立选区　　　　　　　　图 2-49　　删除反选区域

2.8　本章小结

本章主要介绍了选择图像区域的方法与技巧，包括选区的基本操作，套索工具的使用，魔棒工具的使用，快速选择工具的使用，"色彩范围"命令的使用，以及调整选区边缘和编辑选区的方法等内容。通过本章的学习，读者应掌握各种选择工具的使用，从而能够熟练和正确地选择和处理所需的图像区域。

2.9　习　　　题

❖2.9.1　填空题

（1） 反选是指＿＿＿＿＿＿＿＿＿。要反选图像区域，可在使用选框工具选择一个区域后，选择＿＿＿＿＿＿命令。

（2） "拷贝"和"合并拷贝"命令的不同之处在于："拷贝"命令用于拷贝＿＿＿＿，而"合并拷贝"命令可以拷贝＿＿＿＿＿。

（3） 图层蒙版基于贴入的选区，选区＿＿＿＿＿蒙版（＿＿＿＿色），而图层的其余部分_____蒙版（_____色）。

（4）套索工具对于_____十分有用，可以很方便地选择_____。

（5）选区有_____和_____两种视图模式，前者用于显示原始选区经进行比较，后者用于在发生边缘调整的位置显示选区边框。

（6）建立选区后，选择_____命令，可以在选区内添加包含所有位于"魔棒"选项中指定的容差范围内的相邻像素。若要包含整个图像中位于容差范围内的像素，而不只是相邻的像素，则应选择_____命令。

❖2.9.2　选择题

（1）如果要在整个图像或选定区域内选择一种特定颜色或颜色范围，可使用_____。
　　　A. 魔棒工具　　　　　　　　　　　B. 套索工具
　　　C. "色彩范围"命令　　　　　　　　D. 快速选择工具

（2）要将一个选区粘贴到另一个选区的里面使之成为蒙版，应先选择所需的选区，然后选择"编辑"|"选择性粘贴"|"_____"命令。
　　　A. 原位粘贴　　　　　　　　　　　B. 贴入
　　　C. 外部粘贴　　　　　　　　　　　D. 以上都可以

（3）要隐藏或者显示当前所有选区的边缘，可选择_____命令。
　　　A. "视图"|"显示额外内容"　　　　　B. "视图"|"显示"|"选区边缘"
　　　C. "图像"|"显示全部"　　　　　　　D. 以上都可以

（4）_____特别适用于快速选择与背景对比强烈且边缘复杂的对象。
　　　A. 魔棒工具　　　　　　　　　　　B. 套索工具
　　　C. 磁性套索工具　　　　　　　　　D. "色彩范围"命令

（5）使用_____可以快速选择颜色一致的区域，如一片绿叶、一朵红花等。
　　　A. 快速选择工具　　　　　　　　　B. 套索工具
　　　C. "色彩范围"命令　　　　　　　　D. 魔棒工具

❖2.9.3　简答题

（1）消除锯齿功能和羽化功能分别适用于哪些工具？
（2）如何移去选区中的杂边？
（3）如何存储和载入选区？

❖2.9.4　上机实践

（1）打开一个图像文件，试用不同的选区工具创建选区。
（2）找一个人物图像文件，利用选区工具进行抠图。

第 3 章

图像的变换与变形

通过对图像进行变换或变形可以得到千变万化的图像效果。由于这些效果都是基于同一个源图像的，因此不必重复绘制或取样，从而可以节省大量的制图时间。本章即介绍图像的变换与变形操作，内容包括图像变换与变形的基本知识，图像变形与变换的操作方法，以及内容识别缩放的方法。通过本章的学习，读者应掌握图像的变换与变形的各种操作方法与技巧。

教学重点与难点：

1. 变换图像。
2. 图像变形。
3. 内容识别缩放。

3.1　关于图像的变换与变形

对图像可以进行变换比例、旋转、斜切、伸展或变形处理。建立选区后，选择"编辑"|"变换"子菜单中的命令即可对选区进行变换或变形处理。

❖3.1.1　关于变换

变换的对象可以是选区、整个图层、多个图层、图层蒙版、路径、矢量形状、矢量蒙版、选区边界或 Alpha 通道。但要注意的是：若在处理像素时进行变换，将影响图像品质，因此如果要对栅格图像应用非破坏性变换，应使用智能对象。变换矢量形状或路径始终不会造成破坏，因为这只会更改用于生成对象的数学计算。

要进行图像变换，应先选择要变换的项目，然后选择变换命令。必要时，可在处理变换之前调整参考点。在应用渐增变换之前，可以连续执行若干个操作，例如，可以选择"缩放"命令并拖动手柄进行缩放，然后选择"扭曲"命令并拖动手柄以进行扭曲。按 Enter 键可以应用两种变换。

用户可以在"首选项"对话框的"常规"选项卡中选择插值方法，以便计算在变换期间添加或删除的像素的颜色值。选择"编辑"|"首选项"|"常规"命令，打开"首选项"对话框的"常规"选项卡，打开"图像插值"下拉列表框，即可选择插值的方法，如图 3-1 所示。插值设置将直接影响变换的速度和品质。默认的两次立方插值速度最慢，但产生的效果最好。

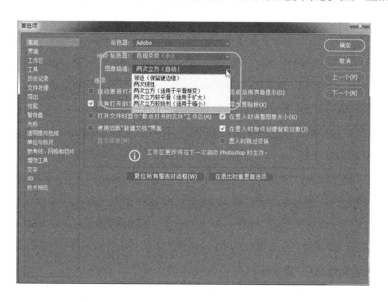

图 3-1　"首选项"对话框的"常规"选项卡

提　示	也可以使用"液化"滤镜使栅格图像变形和扭曲。

❖3.1.2　选择要变换的项目

在变换图像之前，首先要确定并选择想要变换的项目，如整个图层或图层的一部分，或者是路径、通道或者选区边界等。不同的项目有不同的选择方法。

1.　选择整个图层

在变换整个图层时，要注意只能变换常规图层而不能变换背景图层。若要变换背景图层，应先将其转换为常规图层。

选择整个图层的方法是：激活该图层，并确保没有选中任何对象。选择"窗口"|"图层"命令可显示"图层"面板。在"图层"面板中单击一个图层，该图层即被激活，并在"图层"面板中以高亮显示，如图 3-2 所示。

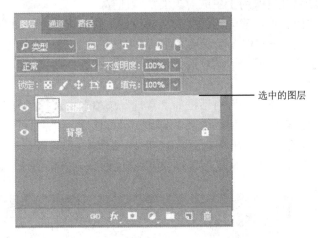

图 3-2　"图层"面板

2.　选择图层的一部分

要变换图层的一部分，应在"图层"面板中选择该图层，然后选择该图层上需要变换的部分图像。

3.　选择多个图层

要变换多个图层，可执行以下操作之一来选择要变换的图层。

（1）　选择多个连续的图层：单击第一个图层，然后按住 Shift 键并单击最后一个图层。

（2）　选择多个不连续的图层：按住 Ctrl 键，在"图层"面板中单击需选择的图层。

4.　选择图层蒙版或矢量蒙版

要变换图层蒙版或矢量蒙版，应取消蒙版链接，并在"图层"面板中选择蒙版缩览图。

5.　选择路径或矢量形状

要变换路径或矢量形状，应使用路径选择工具 选择整个路径，或者使用直接选择工具 选择路径的一部分。如果选择了路径上的一个或多个点，则只变换与这些点相连的路径段。

路径选择工具和直接选择工具集成在工具栏上的选择工具按钮组中，初始显示"直接选择工具"按钮。单击该按钮，从弹出菜单中可选择两个工具中的任意一个，如图 3-3 所示。

6. 选择选区边界

要变换选区边界，应先建立或载入一个选区，然后选择"选择"|"变换选区"命令。

7. 选择 Alpha 通道

要变换 Alpha 通道，可在"通道"面板中选择相应的通道。在"图层/通道/路径"面板组中单击"通道"标签即可显示"通道"面板，如图 3-4 所示。

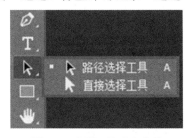

图 3-3　选择工具弹出菜单

图 3-4　"通道"面板

❖3.1.3　设置和移动变换的参考点

所有的变换都是围绕着一个称为参考点的固定点执行的，默认情况下，这个点位于用户正在变换的项目的中心。但是，用户可以使用选项工具栏中的参考点定位符更改参考点，或者将中心点移到其他位置。

在选择某个变换命令后，图像上会出现一个外框。例如使用椭圆选框工具选择一个选区后，选择"编辑"|"变换"|"缩放"命令，选区周围即会出现一个方框，方框上有 8 个控制点，如图 3-5 所示。

提 示	若要变换某个形状或者整路径，"变换"菜单将变成"变换路径"菜单；若要变换多个路径段而不是整个路径，则"变换"菜单将变成"变换点"菜单。

用户可执行以下操作之一来设置或者移动变换的参考点：

（1）在选项工具栏中单击参考点定位符⬚⬚上的方块。每个方块表示变换外框上的一个点，例如，要将参考点移动到变换外框的左上角，就单击参考点定位符左上角的方块。

（2）在图像中出现的变换外框中拖动参考点✛，如图 3-6 所示。参考点可以位于想变换的项目之外。

图 3-5　选择变换命令后出现方框

图 3-6　用鼠标拖动参考点

3.2　图像变形

可以使用"编辑"|"变换"子菜单中的命令来为图像或图像区域应用变形效果，如缩放、旋转、斜切、扭曲、变形等。此外，还可以使用"操控变形"命令随意扭曲特定的图像区域，而其他区域保持不变。

❖3.2.1　缩放

使用"缩放"命令可以相对于项目的参考点按水平、垂直或者同时沿这两个方向缩放所选项目。

在选择要缩放的对象后，选择"编辑"|"变换"|"缩放"命令，然后拖动变换框上的手柄。拖动角手柄时按住 Shift 键可按比例缩放。如果需要精确缩放，可在选项工具栏上的"W（宽）"、"H（高）"框中输入所需的值，如图 3-7 所示；如果需要，可在"编辑"|"变换"子菜单中选择其他类型的变换。

图 3-7　"变换"选项工具栏

> **注意**
>
> 当变换位图图像时（与形状或路径相对），每次提交变换时它都变得略为模糊，因此，在应用渐增变换之前执行多个命令要比分别应用每个变换更可取。

变换完毕，执行下列操作之一，即可应用变换：

（1）　按 Enter 键。

（2）　单击选项工具栏上右端的"提交变换"按钮✓，如图 3-8 所示。

图 3-8　"变换"选项工具栏

（3）　在变换框内双击。

若要取消变换，可执行以下操作之一。

（1）　按 Esc 键。

（2）　单击选项工具栏中的"取消变换"按钮⊘。

★例 3.1：缩放图像中的部分区域，如图 3-9 所示。

（1）　使用磁性套索工具选择所需选区，如图 3-10 所示。

（2）　选择"编辑"|"变形"|"缩放"命令。

（3）　拖动变换框上边框中央的手柄，拉长选区，如图 3-11 所示。

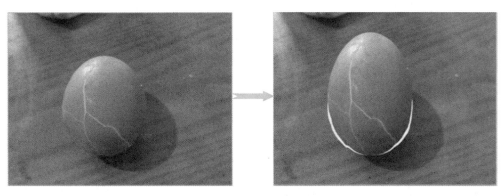

图 3-9　缩放图像中的部分区域

图 3-10　选择选区

图 3-11　拉长选区

（4）　在选项工具栏上单击"提交变换"按钮☑，应用变换。

（5）　选择"选择"|"取消选择"命令，取消对选区的选择。

❖3.2.2　旋转

可以围绕参考点旋转所选对象。默认情况下，参考点位于对象的中心，用户可以根据需要将参考点移动到其他位置。

选择要旋转的对象，然后选择"编辑"|"变换"|"旋转"命令，并在选项工具栏上指定参考点的位置，再将指针移到变换外框之外，当指针变为弯曲的双向箭头时拖动指针旋转选择的项目。按住 Shift 键拖动可将旋转限制为按 15º 增量进行。如果需要，可在"编辑"|"变换"子菜单中选择其他类型的变换。变换完毕，按 Enter 键，或者单击选项工具栏上右端的"提交变换"按钮，或者在变换框内双击，即可应用旋转操作。

此外用户还可以使用菜单命令精确旋转选定项目，方法如下：

（1）　指定精确的旋转度数：在选项工具栏上的"设置旋转"框中输入所需的值，如图3-12 所示。

| | X: 436.00 像素 △ | Y: 452.00 像素 | W: 100.00% ⊕ | H: 100.00% | △ 45 | 度 |

图 3-12　设置旋转度数

（2） 旋转 180°：选择"编辑"|"变换"|"旋转 180°"命令。

（3） 顺时针旋转 90°：选择"编辑"|"变换"|"旋转 90°（顺时针）"命令。

（4） 逆时针旋转 90°：选择"编辑"|"变换"|"旋转 90°（逆时针）"命令。

★例 3.2：旋转图像中的部分区域，如图 3-13 所示。

（1） 使用磁性套索工具选择所需选区。

（2） 选择"编辑"|"变形"|"旋转"命令。

（3） 将指针放在变换框上边框中央的手柄上，向左下方拖动，旋转选区。

（4） 在选项工具栏上单击"提交变换"按钮✅，应用变换。

（5） 选择"选择"|"取消选择"命令，取消对选区的选择。

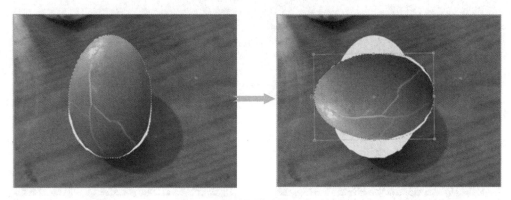

图 3-13　缩放图像中的部分区域

❖3.2.3　翻转

翻转是指将选定项目按垂直轴进行水平方向翻转，或者按水平轴进行垂直方向翻转，类似于镜像或倒影效果，如图 3-14 所示。

原图　　　　　　　　　　　水平翻转　　　　　　　　　　　垂直翻转

图 3-14　翻转选区

选择要翻转的对象后，可按下列操作方法之一翻转项目：

（1） 垂直翻转：选择"编辑"|"变换"|"垂直翻转"命令。

（2） 水平翻转：选择"编辑"|"变换"|"水平翻转"命令。

❖3.2.4 斜切

斜切是指按垂直或水平方向倾斜所选项目。选择要斜切的对象后，选择"编辑"|"变换"|"斜切"命令，并在选项工具栏上指定参考点的位置，然后拖动边手柄，即可斜切选定项目。也可在选项工具栏上的"H（设置水平斜切）"和"V（设置垂直斜切）"框中输入所需的值，如图 3-15 所示。

图 3-15　设置斜切值

变换完毕，按 Enter 键，或者单击选项工具栏上右端的"提交变换"按钮，或者在变换框内双击，即可应用斜切操作。

★例 3.3：沿垂直方向倾斜图像中的部分区域，如图 3-16 所示。

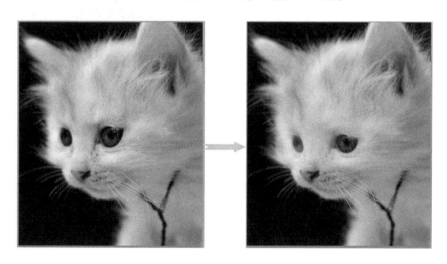

图 3-16　对图像中的部分区域进行斜切变形后的效果

（1）　使用椭圆选框工具选择所需选区，如图 3-17 所示。
（2）　选择"编辑"|"变形"|"斜切"命令。
（3）　将指针放在变换框右上角的手柄上，向下方拖动，如图 3-18 所示。

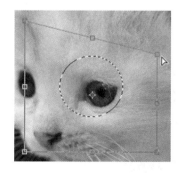

图 3-17　用椭圆选框工具选择变换区域　　　　图 3-18　向下拖动右上角的角手柄

（4）在选项工具栏上单击"提交变换"按钮✓，应用变换。

（5）选择"选择"|"取消选择"命令，取消对选区的选择。

（6）再次使用椭圆选框工具选择另一个选区，如图 3-19 所示。

（7）选择"编辑"|"变形"|"斜切"命令。

（8）将指针放在变换框左上角的手柄上，向下方拖动稍许，再将指针放在左下角的手柄上，向右拖动，如图 3-20 所示。

图 3-19　选择第二个选区

图 3-20　对选区进行斜切

（9）在选项工具栏上单击"提交变换"按钮✓，应用变换。

（10）选择"选择"|"取消选择"命令，取消对选区的选择。

❖3.2.5　扭曲

扭曲是指将所选项目向各个方向伸展。选择要扭曲的对象，然后选择"编辑"|"变换"|"扭曲"命令，并在选项工具栏上指定参考点的位置，然后拖动角手柄使其向外伸展，如图 3-21 所示。如果需要，可在"编辑"|"变换"子菜单中选择其他类型的变换。变换完毕，按 Enter 键，或单击选项工具栏上右端的"提交变换"按钮，或在变换框内双击，即可完成扭曲。

❖3.2.6　变形

"变形"命令允许用户拖动控制点以变换图像的形状或路径等。选择"变形"命令后，可从选项工具栏中的"变形样式"弹出菜单中选择一种变形样式，或者用户也可以通过拖动网格内的控制点、线条和区域来自定义变形，以更改变形外框和网格的形状。"变形样式"弹出菜单中的形状也是可延展的，可以拖动它们的控制点。

选择要变形的对象，然后选择"编辑"|"变换"|"变形"命令，此时选区上会出现 9 个方格，每个交叉点都是变形的控制点，如图 3-22 所示。

图 3-21　扭曲选区

图 3-22　选择"变形"命令后选区上出现的变形框

根据需要拖动控制点、外框、网格的一段或者网格内的某个区域，即可变形对象。若要调整曲线，可拖动控制点手柄，如图 3-23 所示。

提　示

若要还原上一次手柄调整，可选择"编辑"|"还原"命令。

若要使用特定形状进行变形，可在选项工具栏上的"变形"弹出菜单中选择一种变形样式，如图 3-24 所示。

图 3-23　变形图像

图 3-24　"变形"弹出菜单

若要更改从"变形"弹出菜单中选择的一种变形样式的方向，可单击选项工具栏上的"更改变形方向"按钮 ；若要使用数字值指定变形量，可在选项工具栏上指定"弯曲"、"H（设置水平扭曲）"和"V（设置垂直扭曲）"值，如图 3-25 所示。

变形: ♫ 扇形　　弯曲: 50.0　%　H: 0.0　%　V: 0.0　%

图 3-25　变形图像

注意

如果从"变形"弹出菜单中选择了"无"或"自定"选项，将无法在"弯曲"、"H（设置水平扭曲）"和"V（设置垂直扭曲）"文本框中输入数字值。

★例 3.4：变形图像，如图 3-26 所示。

（1）打开图像文件"5.jpg"，在工具栏上选择矩形选框工具，然后在旗帜图像周围绘制一个矩形选框，如图 3-27 所示。

（2）选择"编辑"|"变换"|"缩放"命令，然后将指针放在变形外框右下角的角手柄上，当指针变成双向箭头状时，按住 Shift 键向左上方拖动，以缩小旗帜，如图 3-28 所示。

图 3-26　变形图像

图 3-27　建立选区

图 3-28　缩小选区

（3）　在选项工具栏上单击"提交变换"按钮 ✅，应用变换。

（4）　在工具栏上选择移动工具，将旗帜移动到画布中央，如图 3-29 所示。

（5）　选择"编辑"|"变换"|"变形"命令，显示网格，如图 3-30 所示。

图 3-29　移动选区

图 3-30　显示网格

（6）　在选项工具栏上的"变形"弹出菜单中选择"旗帜"命令，选区变成旗帜状，如图 3-31 所示。

（7）　在选项工具栏上将"弯曲"框内的值改为"25.0"，此时旗帜形状效果如图 3-32 所示。

图 3-31　应用"旗帜"变形效果

图 3-32　将弯曲度设置为"25.0"时的效果

（8）　在选项工具栏上单击"提交变换"按钮。

（9）　选择"选择"|"取消选择"命令，取消对选区的选择。

❖ 3.2.7　操控变形

操控变形功能提供了一种可视的网格，借助该网格可以随意地扭曲特定图像区域，同时保持其他区域不变。该功能的应用范围很广，小至精细的图像修饰（如发型设计），大至总体的变换（如重新定位手臂或下肢）。用户可以向图像图层、图层蒙版或矢量蒙版应用操控变形。如果要以非破坏的方式变形图像，应使用智能对象。

要进行操控变形，首先要在"图层"面板中，选择要变换的图层或蒙版，如图 3-33 所示。然后，选择"编辑"|"操控变形"命令，图层或蒙版图像上会出现网格，如图 3-34 所示。

图 3-33　选择图层

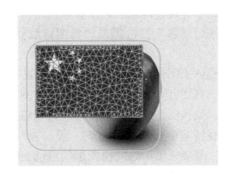

图 3-34　操控变形网格

接下来，要在选项工具栏中调整网格设置，如图 3-35 所示。

图 3-35　操作变形选项工具栏

操控变形选项工具栏中各选项说明如下。

（1）"模式"：用于确定网格的整体弹性。用户可为适用于对广角图像或纹理映射进行变形的极具弹性的网格选择"扭曲"模式。

（2）"浓度"：用于确定网格点的间距。较多的网格点可以提高精度，但需要较多的处理时间；较少的网格点则反之。

（3）"扩展"：用于扩展或收缩网格的外边缘。

（4）"显示网格"：用于显示或隐藏网格。取消选中此选项可以只显示调整图钉，从而显示更清晰的变换预览效果。

提　示	
	如需临时隐藏调整图钉，可按 H 键。

设置完毕，在图像窗口中单击，以向要变换的区域和要固定的区域添加图钉，如图 3-36 所示。拖动图钉可对网格进行变形，如图 3-37 所示。

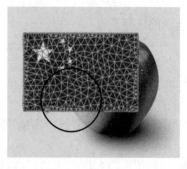

图 3-36　添加图钉　　　　　　　　　　　　　　图 3-37　移动图钉

若要显示与其他网格区域重叠的网格区域，可单击选项工具栏中的"图钉深度"工具组中的"将图钉前移"按钮 或"将图钉后移"按钮 。可能需要重复操作多次才能解决重叠问题。

如果要移去图钉，可按 Delete 键。单击选项工具栏中的"移去所有图钉"按钮 可移去已添加的所有图钉。如果要围绕图钉旋转网格，可选中该图钉，然后执行以下操作之一：

（1）　要按固定角度旋转网格，可按住 Alt 键，并将光标放置在图钉附近，当出现圆圈时拖动以旋转网格。

（2）　若要根据所选的模式选项自动旋转网格，可在选项工具栏上的"旋转"弹出菜单中选择"自动"选项。

变换完成后，按 Enter 键，或者在选项工具栏中单击"提交变换"按钮即可。

3.3　图像变换

可以对图像进行透视变换或者自由变换。透视变换可以对项目应用单击透视；自由变换则可以在一个连续的操作中应用各种变换，如旋转变换、缩放变换、斜切变换、扭曲变换以及透视变换。

❖3.3.1　透视变换

要进行透视变换，选择要变换的对象后，可选择"编辑"|"变换"|"透视"命令，并在选项工具栏中单击参考点定位符上的方块，然后拖动变换外框上的角手柄向外框应用透视。如果需要，可在"编辑"|"变换"子菜单中选择其他变换命令来切换到其他类型的变换。

★例 3.5：为椭圆选区应用透视变换。

（1）　打开"4.jpg"图像文件，在工具栏上选择磁性套索工具，然后在猫的左眼上拖动，做出猫的左眼选区如图 3-38 所示。

（2）　选择"编辑"|"变换"|"透视"命令。

（3）　在选项工具栏上单击参考点定位符上左边中间的参考点，如图 3-39 所示。

图 3-38　创建选区

图 3-39　设置参考点

（4）　向右侧拖动图像中变换外框上的参考点，如图 3-40 所示。

（5）　在选项工具栏上单击"提交变换"按钮✓完成变换。

（6）　双击图像外任意点取消对选区的选择，如图 3-41 所示。

图 3-40　移动参考点

图 3-41　完成透视变换的图像效果

❖3.2.2　自由变换

"自由变换"命令可用于在一个连续的操作中应用变换，如旋转、缩放、斜切、扭曲和透视等，也可以应用变形变换。应用自由变换的最大好处是：用户只需在键盘上按住一个键，即可在变换类型之间进行切换。

选择要变换的对象，然后执行以下操作之一：

（1）　选择"编辑"｜"自由变换"命令。

（2）　如果想要变换选区、基于像素的图层或选区边界，可选择移动工具，然后在选项工具栏中选中"显示变换控件"复选框。

执行上面一种操作后，对象周围会出现变换外框和控制点。用户可根据需要执行以下操作：

（1）　通过拖动缩放：拖动手柄。按住 Shift 键拖动角手柄可按比例缩放。

（2）　指定精确缩放值：在选项工具栏上的"宽度"和"高度"文本框中输入百分比值。单击"链接"图标⚭可保持长宽比。

（3）　通过拖动旋转：将指针移到变换框外，当指针变为弯曲的箭头时拖动。按 Shift 键可将旋转限制为按 15º 增量进行。

（4）　指定精确旋转值：在选项工具栏上的"设置旋转"框中输入度数。

（5）　相对于外框的中心点扭曲：按住 Alt 键拖动手柄。

（6）　自由扭曲：按住 Ctrl 键拖动手柄。

（7）　斜切：按住 Ctrl+Shift 组合键拖动手柄。当定位到边手柄上时，指针会变为带一个小双向箭头的白色箭头。

（8）　指定精确斜切值：在选项工具栏上的"H（水平斜切）"和"V（垂直斜切）"框中输入角度值。

（9）　应用透视：按住 Ctrl+Alt+Shift 组合键拖动手柄。当把指针放在角手柄上方时，指针会变为灰色箭头。

（10）　变形：单击选项工具栏上的"在自由变换和变形模式之间切换"按钮❀。拖动控制点可变换项目的形状，也可以从选项工具栏上的"变形"弹出菜单中选择一种变形样式。从"变形"弹出菜单中选择一种变形样式后，可使用方形手柄来调整变形的形状。

（11）　更改参考点：在选项工具栏上单击参考点定位符按钮上的方块▪。

（12）　移动项目：在选项工具栏上的"X（水平位置）"和"Y（垂直位置）"框中输入参考点的新位置的值。单击"相关定位"按钮△可相对于当前位置指定参考点的新位置，如图 3-42 所示。

![选项工具栏上的移动工具，显示 X: 318.50 像素 △ Y: 358.00 像素 W: 100.00% H: 100.00%]

图 3-42　选项工具栏上的移动工具

变换后，如果要还原上一次手柄调整，可选择"编辑"还原命令。若要完成变换，可按 Enter 键，或者单击选项工具栏上的"提交变换"按钮，或者在变换框内双击。

3.4　内容识别缩放

内容识别缩放可在不更改重要可视内容（如人物、建筑、动物等）的情况下调整图像大小。常规缩放在调整图像大小时会统一影响所有像素，而内容识别缩放主要影响没有重要可视内容的区域中的像素。通过内容识别缩放可以放大或缩小图像以改善合成效果、适合版面或者更改方向。如果要在调整图像大小时使用一些常规缩放，可以指定内容识别缩放与常规缩放的比例；如果要在缩放图像时保留特定的区域，可在调整大小的过程中使用 Alpha 通道来保护内容。

内容识别缩放适用于处理图层和选区，图像可以是 RGB、CMYK、Lab 和灰度颜色以及所有位深度。内容识别缩放不适用于处理调整图层、图层蒙版、各个通道、智能对象、3D 图层、视频图层、图层组，或者同时处理多个图层。

❖3.4.1　缩放图像时保留可视内容

要在缩放图像时保留可视内容，首先选择需缩放的对象。如果是缩放背景图层，可选择"选择"|"全部"命令。

选择了缩放对象后，选择"编辑"|"内容识别缩放"命令，然后在选项工具栏中设置以下选项之一：

（1）　参考点定位符■：用于指定缩放图像时要围绕的固定点。默认情况下，参考点位于图像的中心。

（2）　"使用参考点相对定位"　△：用于指定相对于当前参考点位的新参考点位置。

（3）　"X"、"Y"：用于精确指定参考点的位置。在"X"框中可输入 X 轴像素大小，在"Y"框中可输入 Y 轴像素大小。

（4）　"W"、"H"：用来指定图像按原始大小的百分之多少进行缩放。在"W"框中可输入宽度的百分比，在"H"框中可输入高度的百分比。如果需要可单击"保持长宽比"按钮◎锁定图像的长宽比例。

（5）　"数量"：用于指定内容识别缩放与常规缩放的比例。可以通过在文本框中健入值或者移动滑块来指定内容识别缩放的百分比。单击"数量"文本框右侧的下拉按钮即可弹出滑块，如图 3-43 所示。

图 3-43　弹出"数量"滑块

（6）　"保护"：用于选择要保护的区域的 Alpha 通道。

（7）　"保护肤色"　♀：用于试图保留含肤色的区域。

设置完毕，拖动变换框上的手柄即可缩放图像。按住 Shift 键拖动角手柄可按比例缩放。缩放完成后，单击选项工具栏上的"提交变换"按钮即可完成变换。如果要取消变换操作，可单击"取消变换"按钮。

★例 3.6：打开一幅风景图，放大其中的一朵花，而其他部分不变，如图 3-44 所示。

图 3-44　缩放图像时保留可视区域

（1）　打开素材文件夹中的图像文件"06.jpg"，用椭圆选框工具选中所需选区，如图 3-45 所示。

（2）　选择"编辑"|"内容比例识别"命令。

（3）　在选项工具栏中单击"保持长宽比"按钮◎。

（4）　在"W"框中输入 150.00%（由于锁定了长宽比，因此"H"框中的值会自动做相应的改变），放大选区，如图 3-46 所示。

图 3-45　选择要放大的区域

图 3-46　放大选区

（5）　单击选项工具栏上的"提交变换"按钮。

（6）　单击画布外任意点取消对选区的选择。

❖3.4.2　指定在缩放时要保护的内容

如果在缩放图像时要指定需保护的内容，可在要保护的内容周围建立选区，然后在"通道"面板中单击"将选区存储为通道"按钮 ▣ 保存通道。

如果要缩放背景图层，选择"选择"|"全部"命令，否则可不选。接下来选择"编辑"|"内容识别比例"命令，并在选项工具栏中选择所创建的 Alpha 通道。然后拖动变换框上的手柄缩放图像，或者在选项工具栏的"W"、"H"文本框中输入百分比值即可。

★例 3.7：打开一幅风景图，将其中的一朵花设为保护内容不做缩放，而只放大其他部分，如图 3-47 所示。

图 3-47　在缩放图像时保护部分内容

（1）　打开素材文件夹中的图像文件"06.jpg"，参照例 4.6，用椭圆选框工具选中所需选区。

（2）　单击"图层"面板标签右边的"通道"标签，切换到"通道"面板，单击面板底部的"将选区存储为通道"按钮，保存通道，如图 3-48 所示。

（3）　选择"选择"|"全部"命令，选择背景图层。

（4）　选择"编辑"|"内容识别缩放"命令。

（5）　在选项工具栏上的"保护"下拉列表框中选择刚才创建的通道"Alpha1"，如图

3-49 所示。

图 3-48　保存通道　　　　　　　　　　图 3-49　选择要保护的通道

（6）　在选项工具栏中单击"保持长宽比"按钮 。

（7）　在"W"框中输入 150.00%（由于锁定了长宽比，因此"H"框中的值会自动做相应的改变），放大被保护内容之外的图像区域。

（8）　单击选项工具栏上的"提交变换"按钮。

（9）　单击画布外任意点取消对选区的选择。

3.5　典型实例——可爱双胞胎

通过拷贝素材图中的图像及图像区域，并对其进行变形和变换，以得到一张可爱双胞胎宝宝的新图像，如图 3-50 所示。

图 3-50　效果图

本实例将涉及到以下内容：

- 缩放图像。
- 翻转图像。
- 自由变换。

1. 新建文档

（1）　选择"文件"|"新建"命令，打开"新建文档"对话框。

（2）在"名称"文本框"预设"下拉列表框中选择"默认 Photoshop 大小"选项，在"背景内容"下拉列表框中选择"白色"，如图 3-51 所示。

（3）单击"确定"按钮，创建一个新文档。

2. 拷贝图像

（1）打开图像文件"07.jpg"，选择"选择"|"全部"命令，选择整个背景图层，如图 3-52 所示。

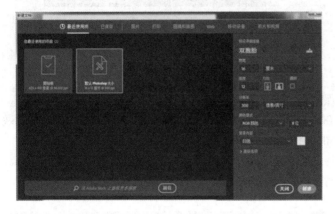

图 3-51 "新建文档"对话框　　　　　　　　　图 3-52 选择图像

（2）选择"编辑"|"拷贝"命令。

（3）切换到"双胞胎"文档，选择"编辑"|"粘贴"命令粘贴图像，Photoshop 自动创建一个新图层，如图 3-53 所示。

3. 缩放和移动图像

（1）选择"编辑"|"变换"|"缩放"命令。

（2）单击选项工具栏上的"保持长宽比"按钮。

（3）将指针放到选择框的角手柄上向图像内拖动，缩小图像，并配合使用移动工具，使其位于画布右侧并与画布等高，如图 3-54 所示。

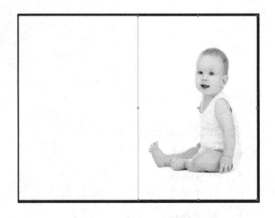

图 3-53 通过粘贴新建图层　　　　　　　　　图 3-54 缩放和移动图像

（4） 在选项工具栏上单击"提交变换"按钮，完成变换。

4. 拷贝和翻转图像

（1） 选择矩形选框工具，选择变换后的图像部分，如图 3-55 所示。

（2） 选择"编辑"|"拷贝"命令。

（3） 选择"编辑"|"粘贴"命令。Photoshop 自动创建图层 2。

（4） 选择移动工具，移动粘贴的图像，使其紧贴原图像的左侧，如图 3-56 所示。

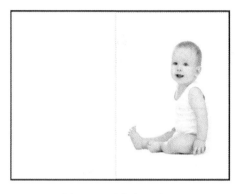

图 3-55 选择矩形选区   图 3-56 外部粘贴选区

（5） 选择"编辑"|"变换"|"水平翻转"命令。

（6） 在选项工具栏上单击"提交变换"按钮，完成变换。

5. 拷贝花朵

（1） 打开图像文件"01.jpg"，用磁性套索工具选择橘子，如图 3-57 所示。

（2） 选择"编辑"|"拷贝"命令。

（3） 切换到"双胞胎"文档，选择"编辑"|"粘贴"命令粘贴图像，如图 3-58 所示。
Photoshop 自动创建图层 3。

图 3-57 选择牵牛花   图 3-58 粘贴图像

6. 自由变换图像

（1） 选择"编辑"|"自由变换"命令。

（2） 单击选项工具栏上的"保持长宽比"按钮。

（3） 在选项工具栏上的"W"框中输入 50.00%，按比例缩小图像。

（4） 将橘子移到图像中间底部位置，如图 3-59 所示。

（5） 在选项工具栏上单击"提交变换"按钮，完成变换。

图 3-59　缩小图像　　　　　　　　　　　　　　图 3-60　移动图像

3.6　本章小结

本章主要介绍了图像的变换与变形，内容包括图像变换与变形的基本知识，图像变形与变换的方法，以及内容识别缩放的知识与技巧。通过本章的学习，读者应了解什么是图像变形与变换，并掌握图像变形与变换的各种方法与技巧。

3.7　习　　题

❖3.7.1　填空题

（1） 变换的对象可以是_____。

（2） _____直接影响变换的速度和品质。

（3） 在变换整个图层时，要注意只能变换_____而不能变换_____。若要变换_____，应先将其转换为_____。

（4） 自由变换可以_____。

（5） 内容识别缩放可在_____的情况下调整图像大小。

（6） 内容识别缩放适用于处理_____，图像可以是 RGB、CMYK、Lab 和灰度颜色以及所有位深度。

❖3.7.2　选择题

（1） 选择整个图层的方法是：_____。

    A. 用选择工具选择　　　　　　　　　B. 选择"选择"|"全部"命令

    C. 在"图层"面板上单击图层　　　　　D. 都可以

（2） 要应用当前的变换操作，哪一种操作是错误的：_____。

    A. 按 Enter 键   B. 按 Esc 键

    C. 单击"提交变换"按钮   D. 在变换框内双击

（3） 选择"编辑"|"变换"|"旋转"命令后，按住_____键拖动可将旋转限制为按15º 增量进行。

    A. Shift   B. Alt

    C. Ctrl   D. Shift+Alt

（4） 扭曲是指_____。

    A. 按垂直或水平方向倾斜所选项目

    B. 将所选项目向各个方向伸展

    C. 通过拖动控制点以变换图像的形状或路径

    D. 借助网格随意变形图像特定区域

（5）使用"自由变换"命令时，按住_____键拖动手柄可以快速应用透视。

    A. Alt   B. Ctrl

    C. Ctrl+Shift   D. Ctrl+Alt+Shift

❖3.7.3 简答题

（1） 如何设置移动变换的参考点？

（2） 什么是操控变形？它有什么作用？

（3） 如何在缩放图像时保护部分内容不被变形？

❖3.7.4 上机实践

（1） 找一幅人物图像，将该人物通过缩放变形设计成一个大头卡通娃娃。

（2） 找一幅风景图，保护其中的部分内容，然后变形图像的其他部分。

第 4 章

使 用 图 层

教学目标：

图层在制图的过程起到了很大的作用，当需要制作复杂的图像时，使用图层可以将不同的元素分层而放，以便分别处理，而不会影响其他元素。利用图层可以制作出许多特殊的图像效果，如投影、发光、遮罩等。本章介绍Photoshop 图层的基本知识，包括图层的概念，图层的创建与编辑，图层的排列、合并、盖印、管理、填充，以及使用图层混合模式等内容。通过本章的学习，读者应了解图层的基本概念及工作原理，并掌握使用图层作图的方法与技巧。

教学重点与难点：

1. 创建与编辑图层。
2. 排列图层。
3. 合并图层。
4. 设置和编辑图层样式。
5. 更改图层的不透明度。
6. 混合模式。

4.1　图层的概念

图层在制图的过程中起着很重要的作用，通过将不同的元素放置在不同的图层上，可以很容易地用不同的方式对元素进行定位和编辑。通过使用图层可以对图像的特定区域进行处理而不影响其他部分，并且不会被其他层上的对象所干扰。

❖4.1.1　图层的原理

Photoshop 中的图层如同堆叠在一起的透明纸，用户可以透过图层的透明区域看到下面的图层。当上层图层中的对象与下层图层中的对象重叠时，上层图层中的对象会覆盖下层图层中的对象。通过使用图层可以执行多种任务，如复合多个图像、向图像添加文本或添加矢量图形形状。可以应用图层样式来添加特殊效果，如投影或发光。

可以通过移动图层来定位图层上的内容，就像在堆栈中滑动透明纸一样。也可以更改图层的不透明度，以使内容部分透明。

当一个文档中包含多个图层时，可以使用图层组来组织和管理图层，以减轻"图层"面板中的杂乱情况。

❖4.1.2　图层的类型

Photoshop 的图层类型包括背景图层、普通图层、调整图层、填充图层、形状图层、文字图层、智能对象和视频图层等。

1.　背景图层

背景图层是最基本的图层，当用户创建一个新图像文档时，会自动创建背景图层。背景图层不可以调节图层顺序，永远在最下面。也不可以调节不透明度、图层样式和蒙版，但可以使用画笔、渐变色彩、图章和修饰工具。

2.　普通图层

当用户拷贝图像时，粘贴的图像会自动放在一个新图层中。用户还可以通过复制现有图层或者创建新图层来得到普通图层。在普通图层中可以进行任何图层操作。

3.　调整图层

调整图层可以让用户在不破坏原图的情况下，对图像进行色相、色阶、曲线等操作。

4.　填充图层

填充图层是一种带蒙版的图层，内容为纯色、渐变或图案。可以将填充图层转换为调整图层，或者通过编辑蒙版制作融合效果。

5.　形状图层

可以通过形状工具和路径工具来创建形状图层。形状图层中的内容被保存在它的蒙版中。

6.　文字图层

可以通过使用文字工具来创建文字图层。文字图层不可设置滤镜效果或者应用图层样式。

7. 智能对象

智能对象是包含栅格或矢量图像中的图像数据的图层。智能对象将保留图像的源内容及其所有原始特性，从而让用户能够对图层执行非破坏性编辑。智能对像实际上是一个指向其他 Photoshop 对象的一个指针，当更新源文件时，这种变化会自动反应到当前文件中。

8. 视频图层

可以使用视频图层向图像中添加视频。将视频剪辑作为视频图层导入到图像中后，可以对该图层进行遮盖、变换、应用图层效果、在各个帧上绘画，或者栅格化单个帧并将其转换为普通图层。

❖4.1.3 "图层"面板

选择"窗口"|"图层"命令，可显示或者隐藏"图层"面板，如图 4-1 所示。"图层"面板中列出了图像中的所有图层、图层组和图层效果，可以使用"图层"面板来显示和隐藏图层、创建新图层，或者处理图层组。

单击"图层"面板右上角的选项按钮 ，可弹出一个选项菜单，其中包含了可在"图层"面板中执行的所有命令。例如，选择"面板选项"命令，可打开"图层面板选项"对话框，从中更改图层缩览图的大小及缩览图内容，如图 4-2 所示。

图 4-1　"图层"面板　　　　　图 4-2　"图层面板选项"对话框

在"图层面板选项"对话框中，选择"缩览图内容"选项组中的"整个文档"选项，可以显示整个文档的内容；选择"图层边界"选项则可将缩览图限制为图层上的对象的像素。若要关闭缩览图，可在"缩览图大小"选项组中选择"无"单选按钮。关闭缩览图可以提高性能和节省显示器空间。

4.2　创建图层

当用户创建一个白色或者背景色的新图像文档时，Photoshop 会自动在该文档中创建一个背景图层。如果用户需要用其他图层容纳不同的内容，应当创建新图层，新图层将出现在"图层"面板中选定图层的上方，或者出现在选定组内。

❖4.2.1　创建普通图层

要创建一个新的图层，可执行以下操作之一：

（1）　单击"图层"面板底部的"创建新图层"按钮。该操作将创建一个使用默认选项的新图层。

（2）　选择"图层"|"新建"|"图层"命令，打开"新建图层"对话框，在其中指定名称、颜色、模式和不透明度等选项，然后单击"确定"按钮，如图 4-3 所示。

图 4-3　"新建图层"对话框

（3）　单击"图层"面板右上角的选项按钮，从弹出菜单中选择"新建图层"命令，打开"新建图层"对话框，进行所需的设置。

（4）　按住 Alt 键单击"图层"面板中的"创建新图层"按钮，打开"新建图层"对话框，进行所需的设置。

（5）　按住 Ctrl 键单击"图层"面板中的"创建新图层"按钮，在当前选中的图层下面添加一个图层。

"新建图层"对话框中各选项说明如下。

（1）　"名称"：用于指定图层的名称。

（2）　"使用前一图层创建剪贴蒙版"：用于使用前一图层的内容来遮盖新建的图层。

（3）　"颜色"：用于为"图层"面板中的图层或组分配颜色。

（4）　"模式"：用于指定图层的混合模式。

（5）　"不透明度"：用于指定图层的不透明度级别。

（6）　"填充（颜色）中性色"：用于使用预设的中性色填充图层。正常模式不存在中性色。

❖4.2.2　使用其他图层中的效果创建图层

在"图层"面板中选择现有图层，然后将该图层拖到"图层"面板底部的"创建新图层"按钮，Photoshop 会直接创建一个新图层，该新图层包含现有图层的所有效果。

❖4.2.3　将选区转换为新图层

通过第 3 章的学习我们已经知道当把一个选区复制粘贴到文档中时，Photoshop 会自动创建一个新图层。下面我们介绍两种不用粘贴也可以将选区转换为新图层的方法：

（1）　建立选区，选择"图层"|"新建"|"通过拷贝的图层"命令。这种方法可以将选

区拷贝到新图层中。

（2）建立选区，选择"图层"|"新建"|"通过剪切的图层"命令。这种方法可以将选区从原图层中剪切下来，然后放置到新图层中。

❖4.2.4 转换背景图层和普通图层

使用白色背景或彩色背景创建新图像时，"图层"面板最下面的图像称为"背景"。一幅图像只能有一个背景图层。用户不能更改背景图层的堆栈顺序、混合模式或不透明度，但可以将背景转换为普通图层，然后更改这些属性。

创建包含透明内容的新图像时，图像没有背景图层。最下面的图层不像背景图层那样受到限制，用户可以将它移到"图层"面板的任何位置，也可以更改其不透明度和混合模式。

1. 将背景图层转换为普通图层

选择"图层"|"新建"|"图层背景"命令，也可打开"新建图层"对话框，但使用该对话框不会创建一个新图层，而是可以更改现有的背景图层的名称、颜色、混和模式及不透明度，如图 4-4 所示。

图 4-4　创建背景图层

★例 4.1：更改背景图层的名称、颜色和不透明度。

（1）打开"1.jpg"图像文件，在"图层"面板中可以看到 Photoshop 自动创建的"背景"图层，如图 4-5 所示。

（2）选择"图层"|"新建"|"图层背景"命令，打开"新建图层"对话框。

（3）在"名称"文本框中输入"水果"，在"颜色"下拉列表框中选择"橙色"，在"不透明度"下拉列表框中输入"90"。

（4）单击"确定"按钮，更改背景图层的指定设置，如图 4-6 所示。

2. 将普通图层转换为背景图层

若要将普通图层转换为背景图层，必须使用"图层背景"命令，而无法通过将常规图层命名为"背景"来创建背景图层。

图 4-5 "图层"面板中的背景图层　　　　　　图 4-6 转换为普通图层的原背景图层

在"图层"面板中选择要转换为背景的图层后，选择"图层"|"新建"|"图层背景"命令，该图层即被转换为背景图层。图层中的任何透明像素都被转换为背景色，并且该图层将放置到图层堆栈的底部。

4.3 编辑图层

对图层可以进行各种编辑，如复制、链接、显示或隐藏、锁定、查找、删除等，此外还可以更改图层的名称和颜色、栅格化图层内容等。不管要对图层进行何种编辑，首先要选定相应的图层。

❖4.3.1 选择图层

在制作图像时，有些工作一次只能在一个图层上工作，如绘画、调整颜色和色调等，但有些工作却可以同时在多个图层在上工作，如移动、复制、对齐、变换或应用"样式"面板中的样式等。当选定一个图层时，该图层被称为现用图层或者活动图层。现用图层的名称将出现在文档窗口的标题栏中。

有多种渠道可以选择图层，如使用"图层"面板，使用菜单命令，或者直接在文档窗口中选择图层。如果要选择或取消选择所有图层，可使用菜单命令。此外也可以在文档窗口中通过选项工具栏和快捷菜单来选择图层。

1．在"图层"面板中选择图层

在"图层"面板中选择图层是最方便的一种方法。在"图层"面板选择图层的方法有多种，用户可根据需要执行以下操作之一来选择所需的图层。

（1）　选择一个图层：在"图层"面板中单击所需图层。

（2）　选择多个连续的图层：单击第一个图层，然后按住 Shift 键单击最后一个图层。

（3）　选择多个不连续的图层：按住 Ctrl 键，依次单击要选择的图层。

> **注意**
>
> 按住 Ctrl 键进行选择时，应单击图层缩览图外部的区域。如果单击图层缩览图，则会选择图层的非透明区域。

(4) 取消选择一个图层：按住 Ctrl 键单击该图层。

(5) 取消选择所有图层：在"背景"图层或底部图层下方单击。

2. 使用菜单命令选择图层

使用菜单命令可以选择或者取消选择所有图层。

(1) 选择所有图层：选择"选择"|"所有图层"命令。

(2) 取消选择所有图层：选择"选择"|"取消选择图层"命令。

3. 在文档窗口中选择图层

在文档窗口中选择图层时，需要用到移动工具，即先在工具栏上单击"移动工具"按钮✛，选择该工具，然后执行以下操作之一：

(1) 选择一个图层：在选项工具栏上选中"自动选择"复选框，再在下拉列表框中选择"图层"选项，如图 4-7 所示。然后，在文档中单击要选择的图层。此操作将选择包含光标下的像素的顶部图层。

(2) 通过快捷菜单选择图层：在图像中右击，从弹出的快捷菜单中选择所需图层。快捷菜单中列出了所有包含当前指针位置下的像素的图层。

❖4.3.2 复制图层

可以在图像内复制图层，也可以将图层复制到其他图像或新图像中。复制图层时，图层上的所有内容将随该图层一并复制。

1. 在当前图像内复制图层

要在当前图像内复制图层，首先要在"图层"面板中选择一个图层，然后执行以下操作之一：

(1) 将图层拖动到"图层"面板底部的"创建新图层"按钮 ⬜ 上。

(2) 选择"图层"|"复制图层"命令，或者单击"图层"面板右上角的选项按钮▤，从弹出菜单中选择"复制图层"命令，打开"复制图层"对话框，在"为"文本框中输入图层的名称，完成后单击"确定"按钮，如图 4-8 所示。

图 4-7　选择图层　　　　　　　　　　　　　　　　图 4-8　"复制图层"对话框

2. 将图层复制到其他图像中

若要在另一图像内复制图层，应同时打开源图像和目标图像，并从源图像的"图层"面板中选择要复制的一个或多个图层，然后执行以下操作之一：

（1）选择"图层"|"复制图层"命令，或者单击"图层"面板右上角的选项按钮▤，从弹出菜单中选择"复制图层"命令，打开"复制图层"对话框，在"为"文本框中输入图层的名称，然后在"目标"选项组的"文档"下拉列表框中选择目标文档，如图 4-9 所示。若要将图像复制到新图像中，可选择"新建"选项，然后在"名称"文本框中输入图层名称。设置完毕，单击"确定"按钮即可。

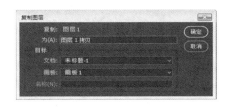

图 4-9　将图层复制到另一图像中

（2）选择"选择"|"全部"命令以选择图层上的全部像素，再选择"编辑"|"拷贝"命令，然后切换到目标图像中，选择"编辑"|"粘贴"命令。此方法只会拷贝像素，而不会拷贝诸如混合模式之类的图层属性。

❖4.3.3　链接图层

链接图层是将两个或多个图层关联起来。与同时选定的多个图层不同，当用户在"图层"面板中更改所选项目时，链接的图层将保持链接状态，用户可以对链接图层进行移动或应用变换。

1. 建立图层链接

要链接图层，应先在"图层"面板中选择所需图层，然后单击"图层"面板底部的"链接图层"按钮⊖⊖。

链接图层后，"图层"面板中的相应图层右侧会显示链接图标，如图 4-10 所示。与此同时，文档中两个图层的图像也会显示统一的选择框，如图 4-11 所示。

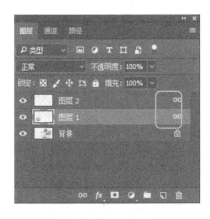

图 4-10　链接图层

图 4-11　链接图层的图像

2. 取消图层链接

对于链接图层，如果要取消它们之间的关联，可执行以下操作之一取消图层链接：

（1）在"图层"面板中选择一个链接的图层，然后单击面板底部的"链接图层"按钮。

（2）若要临时停用链接的图层，可按住 Shift 键单击"图层"面板底部的"链接图层"按钮。

3. 选择链接的图层

如果要选择某个链接的图层，只需在"图层"面板中单击该图层即可。若要选择所有的链接图层，则需要先选择一个链接的图层，然后选择"图层"|"选择链接图层"命令。

★例 4.2：打开一个图像文档，添加图层 1 和图层 2，然后链接这两个图层。

（1）选择"文件"|"打开"命令，打开"1.jpg"图像文档。

（2）选择"文件"|"打开"命令，打开"2.jpg"图像文档，用磁性套索选择图像区域，如图 4-12 所示。

（3）选择"编辑"|"拷贝"命令。

（4）切换到"1.jpg"图像文档，选择"编辑"|"粘贴"命令，创建图层 1。

（5）将图层 1 中的图像放大变换，在工具栏上选择移动工具，将图层 1 中的图像移动到画布左下方，如图 4-13 所示。

图 4-12　建立选区　　　　　　　　　　　　图 4-13　通过粘贴创建图层 1

（6）在"图层"面板中选择图层 1，选择"编辑"|"拷贝"命令。再选择"编辑"|"粘贴"命令，创建图层 2。

（7）将图层 2 中的图像向右移动将进行缩小变换，如图 4-14 所示。

（8）在"图层"面板中同时选中图层 1 和图层 2，然后单击"链接图层"按钮，如图 4-15 所示。

图 4-14　通过粘贴创建图层 2　　　　　　　图 4-15　建立图层链接

❖4.3.4　更改图层的名称和颜色

可以更改图层的名称和颜色。适当的图层名称和醒目的图层颜色可以帮助用户提高工作效率。

1.　更改图层的名称

在将图层添加到图像时，可以为图层指定一个贴切的、能够反映其内容的名称，这将会使用户很容易识别图层的内容。

修改图层名称的方法很简单，只需在"图层"面板中双击图层名称，使其进入编辑状态，然后输入新的名称即可，如图 4-16 所示。

2.　更改图层的颜色

通过使用颜色对图层进行标记，可以帮助用户迅速在"图层"面板中找到相关图层。为图层指定颜色的方法是：右击图层，从弹出的快捷菜单中选择所需的颜色，如图 4-17 所示。

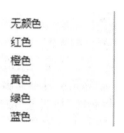

图 4-16　图层的编辑状态　　　　　　　图 4-17　在快捷菜单中选择图层颜色

❖4.3.5　锁定图层

可以完全或者部分锁定图层，以保护其中的内容。例如，在完成某个图层的编辑后可以完全锁定它，以防止再对其进行误编辑；或者，图层具有正确的不透明度和样式，但尚未决定位置问题，可以部分锁定图层，以保护其不透明度和样式。

图层锁定后，图层名称的右边会出现一个锁形图标。当图层被完全锁定时，锁图标是实心的 🔒；当图层被部分锁定时，锁图标是空心的 🔓。

1.　锁定图层的全部属性

要锁定图层的全部属性，应先选择要锁定的图层，然后单击"图层"面板中的锁形图标 🔒，如图 4-18 所示。再次单击锁形图标可以解锁图层。

2.　部分锁定图层

若要锁定图层的部分属性，在选择图层后，可根据需要在"图层"面板中单击一个或多个锁定选项。

（1）锁定透明像素 ▨：可将编辑范围限制为只针对图层的不透明部分。

（2）锁定图像像素 ✏：可防止使用绘画工具修改图层的像素。

图 4-18　锁定图层

（3） 锁定位置 ✛：可防止图层的像素被移动。

> **注意**
>
> 对于文字和形状图层，"锁定透明度"和"锁定图像"选项在默认情况下处于
> 选中状态，而且不能取消选择。

❖4.3.6 删除图层

对于一些不再需要的图层可以将其删除，这样可以减小图像文件的大小。删除图层的方法如下：

（1） 快速删除空图层：选择"文件" | "脚本" | "删除所有空图层"命令。

（2） 删除图层时弹出提示信息：选择图层，然后单击"图层"面板中的"删除"按钮🗑，或者选择"图层" | "删除" | "图层"命令，或者从"图层"面板的选项菜单中选择"删除图层"命令，打开如图 4-19 所示的提示对话框，单击"是"按钮。

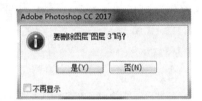

图 4-19　提示对话框

（3） 删除图层时不弹出提示信息：选择图层，直接将其拖到"删除"按钮上，或者按住 Alt 键单击"删除"按钮，或者按 Delete 键。

（4） 删除隐藏的图层：选择"图层" | "删除" | "隐藏图层"命令。

❖4.3.7 显示与隐藏图层

可以在"图层"面板中更改图层的可见性。在打印图像时，将只打印可见图层，而不打印隐藏的图层。

当某一图层处于显示状态时，"图层"面板中相应图层的前面会显示眼睛图标；而当图层处于隐藏状态时，该图层的眼睛图标消失，只显示一个灰色方块，如图 4-20 所示。通过单击眼睛图标👁或灰色方块可以隐藏或者显示图层。

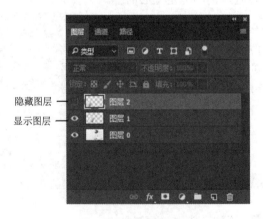

图 4-20　显示与隐藏图层

此外，也可以通过选择"图层"|"显示图层"或"图层"|"隐藏图层"命令来显示或者隐藏图层。如果要更改多个图层的可见性，可在"图层"面板的眼睛列中拖动。

❖4.3.8　栅格化图层内容

在包含矢量数据（如文字图层、形状图层、矢量蒙版或智能对象）和生成的数据（如填充图层）的图层上，是不能使用绘画工具或滤镜的，但是，用户可以栅格化这些图层，将其内容转换为平面的光栅图像。

要栅格化图层内容，应先选择要栅格化的图层，然后选择"图层"|"栅格化"子菜单中的命令。"图层"|"栅格化"子菜单中各命令的功能说明如下。

（1）　"文字"：用于栅格化文字图层上的文字。该操作不会栅格化图层上的任何其他矢量数据。

（2）　"形状"：用于栅格化形状图层。

（3）　"填充内容"：用于栅格化形状图层的填充，同时保留矢量蒙版。

（4）　"矢量蒙版"：用于栅格化图层中的矢量蒙版，同时将其转换为图层蒙版。

（5）　"智能对象"：用于将智能对象转换为栅格图层。

（6）　"图层"：用于栅格化选定图层上的所有矢量数据。

（7）　"所有图层"：用于栅格化包含矢量数据和生成的数据的所有图层。

4.4　排列图层

通过排列图层可以得到整齐的图像效果。排列图层的操作包括更改图层的堆叠顺序、对齐图层、对齐图层上的对象，以及分布图层等。

❖4.4.1　调整图层的堆叠顺序

要调整图层的堆叠顺序，可执行以下操作之一：

（1）　在"图层"面板中将图层向上或向下拖动。当突出显示的线条出现在要放置图层的位置时释放鼠标键。

（2）　选择图层，然后选择"图层"|"排列"子菜单中的命令。

（3）　选择多个图层，选择"图层"|"排列"|"反向"命令，可反转选定图层的顺序。

> 注意
>
> 根据定义，背景图层总是位于堆叠顺序中的底层，因此"图层"|"排列"|"置为底层"命令会将选定项目放在紧靠背景图层的上一层。

❖4.4.2　对齐图层

使用"自动对齐图层"命令可以根据不同图层中的相似内容（如角和边）自动对齐图层。用户可以指定一个图层作为参考图层，也可以让 Photoshop 自动选择参考图层。其他图层将与参考图层对齐，以便匹配的内容能够自行叠加。

通过使用"自动对齐图层"命令，可以用下面几种方式组合图像：

（1）替换或删除具有相同背景的图像部分。对齐图像之后，使用蒙版或混合效果将每个图像的部分内容组合到一个图像中。

（2）将共享重叠内容的图像混合在一起。

> **注意**
>
> 不能对齐调整图层、矢量图层或智能对象，它们不包含对齐所需的信息。

自动对齐图层的方法是：先将要对齐的图像拷贝或置入到同一文档中，使每个图像都位于单独的图层中，并在"图层"面板中通过锁定某个图层来创建参考图层。如果没有设置参考图层，Photoshop 会分析所有图层并选择位于最终合成图像的中心的图层作为参考图层。然后，用户需要选择要对齐的其他图层，再选择"编辑"|"自动对齐图层"命令，打开"自动对齐图层"对话框，从中选择对齐选项，如图 4-21 所示。

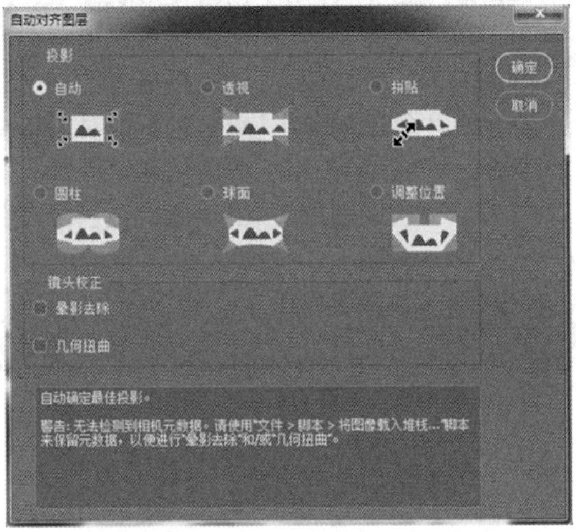

"自动对齐图层"对话框中各选项说明如下：

（1）"自动"：选择此选项，Photoshop 将分析源图像并应用"透视"或"圆柱"版面。这取决于哪一种版面能够生成更好的复合图像。

图 4-21　"自动对齐图层"对话框

（2）"透视"：用于通过将源图像中的一个图像（默认情况下为中间的图像）指定为参考图像来创建一致的复合图像。然后将变换其他图像（必要时可进行位置调整、伸展或斜切），以便匹配图层的重叠内容。

（3）"拼贴"：用于对齐图像并匹配重叠内容，不更改图像中对象的形状（例如，圆形将保持为圆形）。

（4）"圆柱"：用于通过在展开的圆柱上显示各个图像来减少在"透视"版面中会出现的"领结"扭曲。图层的重叠内容仍匹配，将参考图像居中放置。该选择最适合于创建宽全景图。

（5）"球面"：用于将图像与宽视角对齐（垂直和水平）。指定某个源图像（默认情部分下是中间图像）作为参考图像，并对其他图像执行球面变换，以便匹配重叠的内容。

（6）"调整位置"：用于对齐图层并匹配重叠内容，但不会变换（伸展或斜切）任何源图层。

（7）"晕影去除"：用于对导致图像边缘（尤其是角落）比图像中心暗的镜头缺陷进行补偿。

（8）"几何扭曲"：用于补偿桶形、枕形或鱼眼失真。

> **提　示**
>
> 几何扭曲将尝试考虑径向扭曲以改进除鱼眼镜头外的对齐效果；当检测到鱼眼元数据时，几何扭曲将为鱼眼对齐图像。

自动对齐之后，可以使用"编辑"|"自由变换"命令来微调对齐或进行色调调整，以使图层之间的曝光差异均化，然后将图层组合到一个复合图像中。

❖4.4.3　分布图层

可以按照不同的基点均匀地分布三个以上的图层。基点可以是顶边、垂直居中、底边、左边、水平居中和右边。

（1）顶边：指从每个图层的顶端像素开始，间隔均匀分布图层。

（2）垂直居中：指从每个图层的垂直中心像素开始，间隔均匀地分布图层。

（3）底边：指从每个图层的底端像素开始，间隔均匀地分布图层。

（4）左边：指从每个图层的左端像素开始，间隔均匀地分布图层。

（5）水平居中：指从每个图层的水平中心开始，间隔均匀地分布图层。

（6）右边：指从每个图层的右端像素开始，间隔均匀地分布图层。

均匀分布图层的方法是：选择三个以上的图层，然后选择"图层"|"分布"子菜单中的命令。也可以选择移动工具，在选项工具栏中单击分布按钮，如图4-22所示。

图 4-22　移动工具的选项工具栏

❖4.4.4　将图层与选区对齐

可以使用移动工具来对齐图层或图层中的内容。通过建立选区与图层对齐可以对齐图像中任何指定的点。

若要对齐多个图层，可用移动工具或在"图层"面板中选择要对齐的图层；若要将一个或多个图层的内容与某个选区边界对齐，则应先在图像内建立一个选区，在"图层"面板中选择图层。然后，选择"图层"|"对齐"或者"图层"|"将图层与选区对齐"子菜单中的命令。也可以选择移动工具，使用移动工具选项栏中的对齐按钮设置对齐，如图4-23所示。

图 4-23　移动工具的选项工具栏

（1）顶边：指将选定图层上的顶端像素与所有选定图层上顶端的像素对齐，或与选区边框的顶边对齐。

（2）垂直居中：指将每个选定图层上的垂直中心像素与所有选定图层的垂直中心像素对齐，或与选区边框的垂直中心对齐。

（3）底边：指将选定图层上的底端像素与选定图层上底端的像素对齐，或与选区边框

的底边对齐。

（4）左边：指将选定图层上的左端像素与最左端图层的左端像素对齐，或与选区边框的左边对齐。

（5）水平居中：指将选定图层上的水平中心像素与所有选定图层的水平中心像素对齐，或与选区边界的水平中心对齐。

（6）右边：指将链接图层上的右端像素与所有选定图层上最右端的像素对齐，或与选区边框的右边对齐。

★例4.3：使用"对齐"和"将图层与选区对齐"命令排列图像，如图4-24所示。

（1）新建一个文档，选择"文件"|"置入嵌入的智能对象"命令，打开"置入嵌入对象"对话框，选择"7.jpg"图像文件，如图4-25所示。

（2）单击"置入"按钮，置入图像。

（3）按住Shift键拖动选框上的角手柄，按比例放大图像，如图4-26所示。

（4）在选项工具栏中单击"提交交换"按钮，完成置入。

图4-24　排列图像

图4-25　"置入嵌入对象"对话框

（5）按住Shift键在"图层"面板中单击背景图层和"7"图层，选择这两个图层。

（6）选择"图层"|"对齐"|"垂直居中"命令，再选择"图层"|"对齐"|"水平居中"命令。

（7）选择"文件"|"打开"命令，打开"打开"对话框，选择"3.jpg"文件，单击"打开"按钮，打开"3.jpg"文档。

（8）选择魔棒工具将"橘子"以外的空白区域选中，如图4-27所示。

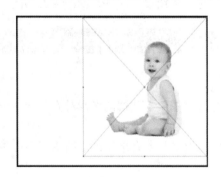

图4-26　放大置入的图像

图4-27　选择色彩范围

（9） 选择"选择"|"反向"命令。

（10） 选择"编辑"|"拷贝"命令。

（11） 切换到置入"7.jpg"图像的文档，选择"编辑"|"粘贴"命令。

（12）按住 Shift 键按比例缩小橘子，然后将其移动到小朋友的右上方，如图 4-28 所示。

（13） 选择"7"图层，用矩形选框工具建立一个选区，如图 4-29 所示。

图 4-28　缩小并移动"7"图层

图 4-29　建立选区

（14） 在"图层"面板中选择橘子图层。

（15） 选择"图层"|"将图层与选区对齐"|"底边"命令，再选择"图层"|"将图层与选区对齐"|"左边"命令。

（16） 单击画布外任意位置，取消对选区的选择。

4.5　合并图层

最终确定了图层的内容后，可以合并图层，以缩小图像文件的大小。在合并图层时，顶部图层上的数据将替换它所覆盖的底部图层上的任何数据。在合并后的图层中，所有透明区域的交叠部分都会保持透明。图层的合并是永久行为，当保存了合并的文档后，将不能再恢复到未合并时的状态。不能将调整图层或填充图层用作合并的目标图层。

❖4.5.1　合并两个图层

要合并图层，需确保它们处于可见状态，然后选择要合并的图层，再选择"图层"|"合并图层"命令。

❖4.5.2　向下合并图层

使用"图层"|"向下合并"命令可将所选图层与其下层图层进行合并。但在选择图层时要注意，合并的图层必须是栅格图层。如果不是，可选择"图层"|"栅格化"|"图层"命令将其转换为栅格图层。

❖4.5.3　合并可见图层

选择"图层"|"合并可见图层"命令，可以合并所有可见图层（即在"图层"面板中显

示眼睛图标的图层）。必须在选择可见图层后"合并可见图层"命令才可使用。

❖4.5.4　拼合图像

通过拼合图像可以缩小文件的大小，方法是将所有可见图层合并到背景中，并删除隐藏的图层。拼合图层功能将使用白色填充其余的任何透明区域。图层的合并是永久行为，在存储拼合的图像后，将不能恢复到未拼合时的状态。

要拼合图像，必须要确保所有要保留的图层都处于可视状态。然后，选择"图层"|"拼合图像"命令，或者从"图层"面板中的选项菜单中选择"拼合图像"命令即可。

4.6　盖印图层

除了合并图层外，还可以盖印图层。盖印可以将处理后的效果盖印到新的图层上，重新生成一个新的图层而不影响你之前所处理的图层，这样做的好处就是，如果之前处理的效果不太满意，可以删除盖印图层，之前做效果的图层依然还在。这种操作极大程度上方便处理图片。

❖4.6.1　盖印多个图层或链接图层

当盖印多个选定图层或链接图层时，Photoshop将创建一个包含合并内容的新图层，如图 4-30 所示。选择多个图层，按 Ctrl+Alt+E 组合键，即可盖印选定的图层。

❖4.6.2　盖印所有可见图层

如果要盖印所有可见图层，应打开要合并的图层的可见性，然后按 Shift+Ctrl+Alt+E 组合键。Photoshop将创建包含合并内容的新图层。

图 4-30　盖印多个图层

4.7　用图层组管理图层

当文档中的图层较多时，可以用图层组来组织和管理图层。使用组可以按逻辑顺序排列图层，并减轻"图层"面板中的杂乱情况。可以将组嵌套在其他组内，也可以使用组将属性和蒙版同时应用到多个图层。

❖4.7.1　创建图层组

要创建图层组，可执行以下操作之一：

（1）　单击"图层"面板底部的"创建组"按钮▢。

（2）　选择"图层"|"新建"|"组"命令，打开"新建组"对话框，在其中指定名称、颜色、模式和不透明度等选项，然后单击"确定"按钮，如图 4-31 所示。

图 4-31　"新建组"对话框

（3）　单击"图层"面板右上角的选项按钮，从弹出菜单中选择"新建组"命令，打开"新建组"对话框，进行所需的设置。

（4）　按住 Alt 键单击"图层"面板中的"新建组"按钮，打开"新建组"对话框，进行所需的设置。

（5）　按住 Ctrl 键单击"图层"面板中的"新建组"按钮。

❖4.7.2　将图层移入/移出图层组

创建了图层组后，单击组图标前的三角按钮![](可展开组，此时单击"创建新图层"按钮，即可在组中新建图层。如果要将现有的图层移入图层组，只需将所需图层拖到图层组上即可。反之，将组中的图层拖出组外，即可将该图层移出图层组。

❖4.7.3　取消图层组

右击组名称，从弹出的快捷菜单中选择"删除组"命令，可打开如图 4-32 所示的提示对话框。如果要删除组和组中的内容，可在提示对话框中单击"组和内容"按钮；如果只取消图层组而不删除图层，则要单击"仅组"按钮。取消组后，组中的图层内容即秩序依然保持不变。

图 4-32　提示对话框

4.8　混合模式

在 Photoshop 中，混合模式的应用非常广泛，画笔工具、铅笔工具、渐变工具、仿制图章工具等工具均有使用。使用混合模式可以控制图像中像素的色调和光线。

❖4.8.1　图层混合模式的设定方法

要为图层设置混合模式，可以从选项工具栏或者"图层"面板上的"模式"弹出菜单中选择，如图 4-33 所示。

在想象混合模式的效果时，可以从以下几种颜色考虑。

（1）　基色：指图像中的原稿颜色。

（2）　混合色：指通过绘画或编辑工具应用的颜色。

（3）　结果色：指混合后得到的颜色。

❖4.8.2　混合模式的效果

各种混合模式的效果说明如下。

（1）　"正常"：用当前图层像素的颜色叠加下层颜色。

（2）　"溶解"：编辑或绘制每个像素使其成为结果色。但根据像素位置的不透明度，结果色由基色或混合色的像素随机替换。

（3）　"变暗"：对两个图层的 RGB 值分别进行比较，取二者中低的值再组合成混合后的颜色，所以总的颜色灰度降低，造成变暗的效果。用白色去合成图像时无效果。

（4）　"正片叠底"：将上下两层图层像素颜色的灰度级进行乘法计算，获得灰度级更低的

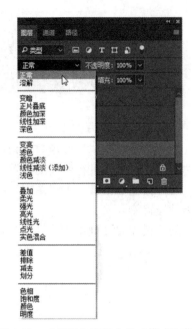

图 4-33　"图层"面板中的"模式"菜单

颜色而成为合成后的颜色。图层混合后的效果是低灰阶的像素显现而高灰阶不显现，产生正片叠加的效果。

（5）　"颜色加深"：加暗图层的颜色值，加上的颜色越亮，效果越细腻。

（6）　"线性加深"：查看每个通道中的颜色信息，并通过减小亮度使基色变暗以反映混合色。与白色混合后不产生变化。

（7）　"深色"：比较混合色和基色的所有通道值的总和，并显示值较小的颜色。"深色"不会生成第三种颜色（可以通过"变暗"混合获得），因为它将从基色和混合色中选取最大的通道值来创建结果色。

（8）　"变亮"：将两个像素的 RGB 值进行比较后，取高值称为混合后的颜色，因而总的颜色灰度级升高，造成变亮的效果。用黑色合成图像时无作用，用白色时仍为白色。

（9）　"滤色"：查看每个通道的颜色信息，并将混合色的互补色与基色进行正片叠底。结果色总是较亮的颜色。用黑色过滤时颜色保持不变，用白色过滤将产生白色。此效果类似于多个摄影幻灯片在彼此之上投影。

（10）　"颜色减淡"：会加亮图层的颜色值，加上得颜色越暗，效果越细腻。

（11）　"线色减淡（添加）"：用于查看每个通道中的颜色信息，并通过增加亮度使基色变亮以反映混合色。与黑色混合时不发生变化。

（12）　"浅色"：比较混合色和基色的所有通道值的总和并显示值较大的颜色。"浅色"不会生成第三种颜色（可以通过"变亮"混合获得），因为它将从基色和混合色中选取最大的通道值来创建结果色。

（13）　"叠加"：显现图层中较高的灰阶，而较低的灰阶则不显现，产生一种漂白的效果。

（14）　"柔光"：将上层图层以柔光的方式施加到下层。当底层图层的灰阶趋于高或

低，则会调整图层合成结果的阶调趋于中间的灰阶调，而获得色彩较为柔和的合成效果。

（15）"强光"：如果两层中颜色的灰阶是偏向低灰阶，作用与长片叠底类似。而当偏向高灰阶时则与屏幕类似，中间阶调不明显。

（16）"亮光"：通过增加或减小对比度来加深或减淡颜色，具体取决于混合色。如果混合色（光源）比 50%灰色亮，则通过减小对比度使图像变亮；如果混合色比 50%灰色暗，则通过增加对比度使图像变暗。

（17）"线性光"：通过减小或增加亮度来加深或减淡颜色，具体取决于混合色。如果混合色（光源）比 50%灰色亮，则通过增加亮度使图像变亮；如果混合色比 50%灰色暗，则通过减小亮度使图像变暗。

（18）"点光"：根据混合色替换颜色。如果混合色（光源）比 50%灰色亮，则替换比混合色暗的像素，而不改变比混合色亮的像素；如果混合色比 50%灰色暗，则替换比混合色亮的像素，而比混合色暗的像素保持不变。这对于向图像添加特殊效果非常有用。

（19）"实色混合"：将混合颜色的红色、绿色和蓝色通道值添加到基色的 RGB 值。如果通道的结果总和大于或等于 255，则值为 255；如果小于 255，则值为 0。因此，所有混合像素的红色、绿色和蓝色通道值要么是 0，要么是 255。此模式会将所有像素更改为主要的加色（红色、绿色或蓝色）、白色或黑色。

> **注意**
>
> 对于 CMYK 图像，"实色混合"会将所有像素更改为主要的减色（青色、黄色或洋红色）、白色或黑色。最大颜色值为 100。

（20）"差值"：将要混合图层双方的 RGB 值中每个值分别进行比较，用高值减去低值作为合成后的颜色。所以这种模式也常使用，例如通常用白色图层合成一图像时，可以得到负片效果的反相图像。

（21）"排除"：用较高阶或较低阶颜色去合成图像时与差值模式毫无分别，使用趋于中间阶调颜色则效果有区别，总的来说效果比差值模式要柔和。

（22）"减去"：查看每个通道中的颜色信息，并从基色中减去混合色。在 8 位和 16 位图像中，任何生成的负片值都会剪切为零。

（23）"划分"：查看每个通道中的颜色信息，并从基色中分割混合色。

（24）"色相"：用当前图层的色相值去替换下层图像色相值，而饱和度和亮度不变。

（25）"饱和度"：用当前图层的饱和度去替换下层图像饱和度，而色相值和亮度不变。

（26）"颜色"：用当前图层的色相值与饱和度替换下层图像色相值和饱和度，而亮度不变。

（27）"明度"：用基色的色相和饱和度以及混合色的明亮度创建结果色。此模式创建与"颜色"模式相反的效果。

图层混合模式的效果与上、下图层中的图像（包括色调、明暗度等）有密切的关系，因此，在应用时可以多试用几种模式，以寻找最佳效果。

4.9 典型实例——花宝宝

打开一个花朵图像作为背景,将其转换为普通图层,再将其中的部分选区转换为新图层,并拷贝其他文档中的选区和复制图层,然后合并所有相关图层。最终图像效果及"图层"面板状态如图 4-34 所示。

图 4-34 图像效果及"图层"面板的状态

本实例将涉及以下内容:

- 将背景图层转换为普通图层。
- 将选区转换为新图层。
- 选择图层。
- 复制图层。
- 合并图层。
- 更改图层的名称。

1. 将背景图层转换为普通图层

(1) 选择"文件"|"打开"命令,打开"打开"对话框,选择"8.jpg"图像文件,如图 4-35 所示。

(2) 单击"打开"按钮,打开图像文件。

(3) 选择"新建"|"背景图层"命令,打开"新建图层"对话框,在"名称"框中输入"向日葵",如图 4-36 所示。

图 4-35 "打开"对话框   图 4-36 "新建图层"对话框

（4）　单击"确定"按钮，将背景图层转换为普通图层。

2.　将选区转换为新图层

（1）　使用磁性套索选择图像中的花朵部分，如图 4-37 所示。

（2）　选择"图层"|"新建"|"通过拷贝的图层"命令，创建新图层"图层 1"，如图 4-38 所示。

图 4-37　选择要复制为新图层的选区

图 4-38　创建图层 1

3.　从另一个文件中拷贝选区

（1）　选择"文件"|"最近打开文件"|"7.jpg"命令，打开"7.jpg"文档，选择人物的脸部，如图 4-39 所示。

图 4-39　从另一文件中选择要拷贝的选区

（2）　选择"编辑"|"拷贝"命令。

（3）　切换到"08.jpg"图像文档，选择"编辑"|"粘贴"命令，建立新图层"图层 2"，并将"图层 2"移动到"图层 1"的下面，如图 4-40 所示。

（4）　使用移动工具将图层 2 中的选区移动到大的花朵中间并缩放至合适的大小，如图 4-41 所示。

图 4-40　将"图层 2"移动到"图层 1"的下面　　　图 4-41　移动图层 2 中的选区到大花朵中间

4.　复制图层

（1）　在"图层"面板中右击图层 2，从弹出的快捷菜单中选择"复制图层"命令，打开"复制图层"对话框。

（2）　在"为"文本框中输入"脸 2"，如图 4-42 所示。

（3）　单击"确定"按钮，完成复制。

（4）　在"图层"面板中选择"脸 2"图层，将选区移动到小花朵上，并变换其大小和旋转角度，如图 4-43 所示。

图 4-42　复制图层　　　　　　　　　　图 4-43　调整"脸 3"图层中的选区

（5）　单击选项工具栏上的"提交变换"按钮 ✓，完成对图像的调整。

5.　合并图层

（1）　按住 Shift 键，在"图层"面板中依次单击"脸 2"、"图层 2"、"图层 1" 3 个图层，以选中这 3 个图层，如图 4-44 所示。

（2）　选择"图层"|"合并图层"命令，将所选图层合并为一个图层，如图 4-45 所示。

图 4-44 选择图层

图 4-45 合并图层

6. 重命名图层

（1） 在"图层"面板中双击"脸 2"图层的名称，使之进入编辑状态。

（2） 在编辑框中输入"人面花"。

（3） 按 Enter 键确认新名称。

4.10 本章小结

本章主要介绍了 Photoshop 图层的知识，内容包括图层的概念，图层的创建与编辑，图层的排列、合并、盖印、管理、填充，以及图层混合模式的使用等。通过本章的学习，读者应了解图层的基本概念、工作原理，掌握图层的创建、编辑、排列、合并、盖印等方法，并熟悉用图层组管理图层的技巧和混合模式的设定方法。

4.11 习 题

❖4.11.1 填空题

（1） 当一个文档中包含多个图层时，可以使用＿＿＿＿＿＿来组织和管理图层，以减轻图层＿＿＿＿＿＿中的杂乱情况。

（2） 创建白色或背景色的新图像时，Photoshop 会自动在该文档中创建一个＿＿＿＿＿。

（3） 复制图层时，＿＿＿＿＿＿＿＿将随该图层一并复制。

（4） 在"图层"面板中更改项目时，链接的图层将＿＿＿＿＿，可以对链接图层＿＿＿＿＿。

（5） 在包含矢量数据和生成的数据的图层上，是不能使用绘画工具或滤镜的，但是可以＿＿＿＿＿这些图层，将其内容转换为＿＿＿＿＿＿＿。

❖4.11.2　选择题

（1）　＿＿＿＿＿＿是最基本的图层，不可以调节不透明度、图层样式和蒙版，但可以使用画笔、渐变色彩、图章和修饰工具。

    A. 背景图层　　　　　　　　　　　B. 普通图层

    C. 智能对象　　　　　　　　　　　D. 填充图层

（2）　创建＿＿＿＿＿＿时，图像没有背景图层。

    A. 新图像文档　　　　　　　　　　B. 空白文档

    C. 包含透明内容的新图像　　　　　D. 以上都不是

（3）　将普通图层转换为背景图像的方法是：＿＿＿＿＿＿。

    A. 将所需图层重命名为"背景"

    B. 选择"图层"|"新建"|"图层背景"命令

    C. 将所需图层移动到所有图层的底层

    D. 无法将普通图层转换为背景图像

（4）　在 Photoshop 中进行＿＿＿＿＿＿操作时，可以同时在多个图层上工作。如绘画、调整颜色和色调等，但有些工作却可以同时在多个图层在上工作，如移动、复制、对齐、变换或应用"样式"面板中的样式等。

    A. 绘画　　　　　　　　　　　　　B. 调整颜色

    C. 调整色调　　　　　　　　　　　D. 变换

（5）　通过＿＿＿＿＿＿＿＿＿，可以替换或删除具有相同背景的图像部分，或者将共享重叠内容的图像混合在一起。

    A. 调整图层的堆叠顺序　　　　　　B. 自动对齐图层

    C. 合并图层　　　　　　　　　　　D. 盖印图层

❖4.11.3　简答题

（1）　Photoshop 中图层有哪些类型？

（2）　"图层"面板有什么作用？

（3）　如何使用其他图层中的效果创建图层？

（4）　如何将一个图层复制到其他图像中？

（5）　如何用图层组管理图层？

❖4.11.4　上机实践

（1）　打开一个图像文件，在其中创建新图层，并将其他图像中的图层拷贝到当图像文件中。

（2）　在图像文档中创建图层组，然后分类将图层放在不同的图层组中。

（3）　尝试排列、对齐、合并、盖印图层的操作。

第 5 章

在 Photoshop 中绘图

教学目标：

Photoshop 中内置了各种各样的形状工具，如直线工具、矩形工具、圆角矩形工具、椭圆形工具和多边形工具等。如果这些工具还不足以满足需要，用户还可以使用 Photoshop 中的"钢笔工具"、"自由钢笔工具"和"铅笔工具"等绘制图形。本章主要介绍图形的绘制方法，内容包含应用"形状工具"、"钢笔工具"和"铅笔工具"绘制形状、路径和栅格化图像，以及擦除图像的方法。通过本章的学习，读者应了解绘制形状及路径的方法，并掌握应用选择工具调整路径的方法与技巧。

教学重点与难点：

1. 绘制形状。
2. 绘制路径。
3. 调整路径。
4. 擦除图像。

5.1　Photoshop 中的绘图模式

用 Photoshop 绘制的图形通常分为两大类，应用形状工具、钢笔工具（包括自由钢笔工具）和铅笔工具绘图的矢量图形和位图图形（也称为栅格化图形）。矢量图形与分辨率无关，在调整、打印、存储或导入到其他矢量编辑程序时，都会保持清晰的边缘。路径是可以转换为选区或者使用颜色填充和描边的轮廓，用户可以通过编辑路径的锚点改变路径的形状。

Photoshop 中为用户提供了 3 种不同的模式：路径、形状和像素。用户选择形状工具或钢笔工具后，应在选项工具栏上的"绘制模式"下拉列表框中选择一种绘制模式，如图 5-1 所示。

图 5-1　选项工具栏上的"绘制模式"下拉列表框

下面介绍一下这 3 种绘图模式：

（1）路径：可在当前图层中绘制一个工作路径，应用该路径可以创建选区、矢量蒙版，或者使用颜色填充和描边创建位图。

（2）形状：在单独的图层中创建形状，用户可以使用形状工具或钢笔工具来创建形状图层。因为可以方便地移动、对齐、分布形状图层以及调整其大小，所以形状图层非常适于为 Web 页创建图形。除此之外，Photoshop 允许用户在同一个图层上绘制多个形状。

（3）像素：应用形状工具选择此模式可在当前图层中创建位图。

5.2　绘制及编辑形状

应用 Photoshoop 中的形状工具可以绘制不同的形状：直线、矩形、圆角矩形、椭圆形和多边形。如果要绘制直线，应用"直线工具"；如果要绘制矩形，应用"矩形工具"；依此类推，要绘制什么图形就选择相应的形状工具。除此之外，Photoshop 中还内置了许多各种各样的形状，用户可通过选择"自定形状工具"从中选择要使用的形状。

❖5.2.1　绘制形状

选择形状工具后，如果不进行任何设置，直接在当前图层中拖动即可绘制出一个填充色为黑色、边框色为黑色、线宽 3 点的形状。例如应用"圆角矩形工具"，即可绘制如图 5-2 所示的圆角矩形。

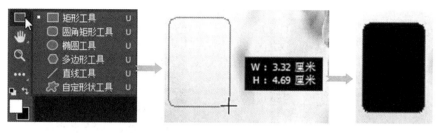

图 5-2　Photoshop 中的形状工具

若用户选择形状工具后，在当前图层中单击，Photoshop 自动弹出"创建圆角矩形"对话框。用户可在"宽度"、"高度"文本框中输入圆角矩形的宽、高值，在"半径"文本框中分别设置 4 个圆角值，如果要从中心开始绘制可选择"从中心"复选框。完成设置单击"确定"按钮，即可绘制出一个圆角矩形，如图 5-3 所示。

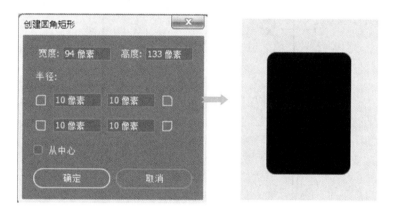

图 5-3　应用"创建圆角矩形"对话框绘制形状

提 示　其中形状的绘制方法与绘制圆角矩形的方法几乎相同，在此就不再一一介绍了。

★例 5.1：打开"素材"文件夹中的"7.jpg"图形，并在其中绘制一个"爪印（猫）"。

（1）选择"文件"｜"打开"命令，打开"打开"对话框，进入"素材"文件夹存放路径，选择"7.jpg"，单击"打开"按钮。

（2）按住"形状工具"按钮，待显示"形状工具"按钮列表框时选择"自定形状工具"选项，如图 5-4 所示。

（3）确定"选项"工具栏中的"工具模式"列表框中显示"形状"选项。

（4）在"选项"工具栏中单击"形状"下拉按钮，从弹出的列表框中找到"爪印（猫）"选项，如图 5-5 所示，双击该选项。

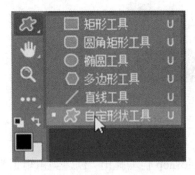

图 5-4 选择"自定形状工具"工具

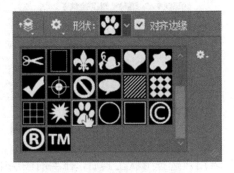

图 5-5 选择"爪印（猫）"选项

（5） 在当前图层的左上角拖动绘制一个猫爪印，如图 5-6 所示。

未进行任何设置绘制
的猫爪印

图 5-6 绘制猫爪印形状

❖5.2.2 设置形状属性

用户可以在绘制形状前或绘制图形后修改形状的属性。默认绘制形状后，如果不进行任何操作，在"形状"工具栏中会显示当前形状的所有属性值，图 5-7 所示为圆角矩形的"选项"工具栏。用户可在"选项"工具栏中修改形状的填充色、边框颜色、线条样式、线条宽度、形状大小等属性。

图 5-7 圆角矩形的"选项"工具栏

圆角矩形"选项"工具栏中各属性作用如下。

（1） "工具预设"下拉三角按钮 ：单击此按钮，可从打开的列表框中选择已经存在的形状。

（2） "工具模式"：从打开的面板中选择绘制模式，绘制形状时选择"形状"选项。

（3） "形状填充"：设置形状的填充色。

（4） "形状描边"：设置形状边框颜色。

（5）　"形状描边宽度"：设置形状边框线条的宽度。

（6）　"形状描边类型"：设置形状边框线条的样式。

（7）　"形状宽度"和"形状高度"：设置形状的宽、高值。

（8）　"圆角半径"：设置圆角矩形的圆角值，该属性是"圆角矩形"工具独有的。

★例 5.2：修改"例 7.1"中绘制"爪印（猫）"，将填充色设置为"RGB 红"，将边框颜色设置为"CMYK 红"，并将边框值设置为 20 点。

（1）　在"例 7.1"的基础上保持"爪印（猫）"当前图层选择状态。

（2）　单击"填充"颜色块，从打开的列表框中选择"RGB 红"，如图 5-8 所示。

（3）　单击"描边"颜色块，从打开的列表框中选择"CMYK 红"，如图 5-9 所示。

图 5-8　选择"自定形状工具"工具　　　　　　图 5-9　选择"爪印（猫）"选项

（4）　选择"形状描边宽度"列表框中的数值 3，将其修改 20，并按 Enter 键，得到如图 5-10 所示的效果。

（5）　选择"文件"｜"存储为"命令，将其保存为"文件名"为"猫爪印"，"文件类型"为"Photoshop(*.PSD,*.PDD)"的图像。

（6）　保存文件过程中会弹出一个兼容性提示对话框，单击"确定"按钮即可。

图 5-10　编辑猫爪印形状

❖5.2.3 形状绘制方式

选择形状工具后单击"选项"工具栏中的"绘制方式"按钮，从打开的面板中选择绘制方式，如图 5-11 所示。形状的绘制方式一般分为 3 种：不受约束、固定大小和比例。

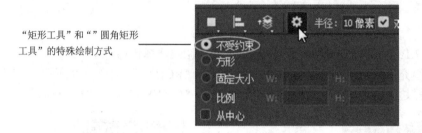

"矩形工具"和""圆角矩形工具"的特殊绘制方式

图 5-11 "绘制方式"面板

前面介绍了两种绘制形状的方法：拖动法和单击法。其中的拖动法即不受约束绘制形状，应用此方法可以绘制任意大小的形状；单击法为固定大小绘制形状，应用此方法可绘制对形状大小有严格要求的形状。若用户绘制的形状有比例要求，则可以选择"比例"绘制方式。除此之外，在绘制形状可选择从任意侧绘制，或从中心绘制。

"绘制方式"面板除了常用的选项外，选择不同的形状还会出现不同的绘制方式。下面介绍一下其他的绘制方式。

（1）方形：在应用"矩形工具"或"圆角矩形工具"绘制形状时，如果选择该选项，则只能绘制正方形或圆角正方形。

（2）圆（绘制直径或半径）：在应用"椭圆工具"绘制形状时，如果选择该选项，则只能绘制圆形。

提示　在"不受约束"模式下也可绘制正方形、正方圆角形和圆，在绘制时按下 Shift 键拖动鼠标即可。

（3）星形：应用"多边形工具"绘制形状时，显示如图 5-12 所示的列表框。若选择"星形"复选框，"半径"设置为 100 像素，"缩进边依据"为 50%，在当前图层中拖动可绘制如图 5-13 所示的星形。如果再加选"平滑缩进"复选框，在图层中拖动可绘制出如图 5-14 所示的星形。

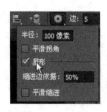  

图 5-12 "绘制方式"列表框　　　图 5-13 星形　　　图 5-14 平滑星形

（4） 箭头：应用"直线工具"绘制形状时，显示如图 5-15 所示的列表框。若选择"起点"复选框，则会制作一个起点带箭头的线条；若选择"终点"复选框，则会制作一个终点带箭头的线条；若同时选择"起点"和"终点"复选框，则会制作一个双向箭头的线段，如图 5-16 所示。

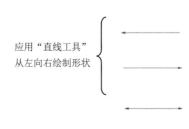

应用"直线工具"
从左向右绘制形状

图 5-15　"绘制方式"列表框　　　　　图 5-16　带箭头的线条和双向箭头线段

★例 5.3：创建新文档，应用"椭圆工具"绘制如图 5-17 所示的形状。

（1） 选择"文件"｜"新建"命令，打开"新建"对话框，创建一个"宽度：531 像素"、"高度：239 像素"、"分辨率：72 像素/英寸"、"颜色模式：8 位 RGB 颜色"、"背景内容：白色"的新文档。

（2） 设置"填充"颜色为"蜡笔红"，"描边"颜色为"黑红"，形状宽度值为 5 点。

（3） 选择"工具"栏中的"椭圆工具"按钮，单击"选项"工具栏中的"绘制方式"按钮从中选择"圆（绘制直径或半径）"单选按钮，选择"从中心"复选框，完成设置在文档中拖动绘制如图 5-17 所示的正圆形。

（4） 单击"选项"工具栏中的"绘制方式"按钮从中选择"比例"单选按钮，设置 W 值为 3，H 值为 4，拖动绘制如图 5-18 所示的椭圆形。

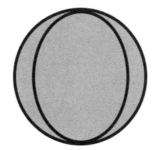

图 5-17　正圆形　　　　　　　　图 5-18　按 3:4 绘制的椭圆形

（5） 以同样的方式绘制 2:4 椭圆形。

（6） 单击"选项"工具栏中的"绘制方式"按钮从中选择"不受约束"单选按钮，取消选择"从中心"复选框，拖动绘制椭圆形。

（7） 设置"填充"色为"RGB 红"，设置"描边"色为"CMYK 红"，如图 5-19 所示。

（8） 应用移动工具，调整椭圆形位置，得到如图 5-20 所示的效果。

（9） 选择"文件"｜"存储为"命令，将其保存为"文件名"为"椭圆形"，"文件类型"为"Photoshop(*.PSD,*.PDD)"的图像。

图 5-19 正圆形

图 5-20 调整椭圆形位置

❖5.2.4 拼合形状

默认情况下绘制形状都会自动创建一个新图层，如果想要将当前绘制的形状添加至当前形状所在的图层该如何操作呢？想抠掉当前形状的某一部分又该如何操作呢？Photoshop 中内置了各种形状拼合的方法。

单击"选项"工具栏中的"路径操作"按钮，打开"路径操作"面板，该面板中集成多种路径操作方法，如图 5-21 所示。

绘制形状的 5 种
拼合方式

图 5-21 "路径操作"面板

以"新建图层"的方式接合形状前面已经介绍过了，下面介绍一下其余 4 种形状接合的方式。

（1） 合并形状：将要绘制的形状自动合并至当前形状所在图层，并与其合并成一个整体，如图 5-22 所示。

（2） 减去顶层形状：将要绘制的形状自动合并至当前形状所在图层，并减去后绘制形状部分，如图 5-23 所示。

（3） 与形状区域相交：将要绘制的形状自动合并至当前形状所在图层，自动保留形状重叠部分，如图 5-24 所示。

（4） 排除重叠形状：将要绘制的形状自动合并至当前形状所在图层，自动减去形状重叠部分，如图 5-25 所示。

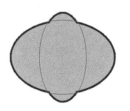
图 5-22　合并形状

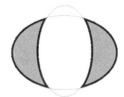
图 5-23　减去顶层形状

图 5-24　与形状区域相交

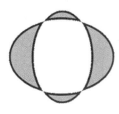
图 5-25　排除重叠形状

> **提 示**
>
> 如果要合并图层，应先切换至"图层"面板，按住 Shift 键或 Ctrl 键，选择所有要合并的形状图层，在选择图层上右击，从弹出的快捷菜单中选择"合并形状"命令。如果要保留各形状的描边效果，可选择"合并可见图层"、"拼合图像"命令。

★例 5.4：创建新文档，应用形状工具绘制一件衣服。

（1）选择"文件"｜"新建"命令，打开"新建"对话框，创建一个"宽度：531 像素"、"高度：439 像素"、"分辨率：72 像素/英寸"、"颜色模式：8 位 RGB 颜色"、"背景内容：白色"的新文档。

（2）设置"填充"色为"RGB 红"，设置"描边"色为"CMYK 红"，形状宽度值为 5 点。

（3）选择"工具"栏中的"椭圆工具"按钮，单击"选项"工具栏中的"绘制方式"按钮从中选择"圆（绘制直径或半径）"单选按钮，选择"从中心"复选框，完成设置在文档中拖动绘制圆形。

（4）单击"选项"工具栏中的"路径操作"按钮从中选择"减去顶层形状"选项，连续拖动绘制 3 个圆形，得到如图 5-26 所示的形状。

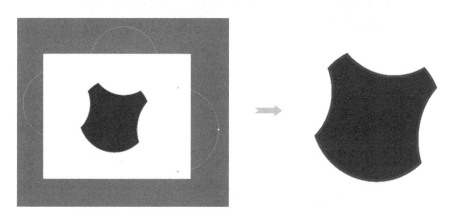
图 5-26　"减去顶层形状"后的效果

（5）单击"选项"工具栏中的"路径操作"按钮从中选择"新建图层"选项，拖动出一个小圆，作为衣服的第一个钮扣。

（6）单击"选项"工具栏中的"路径操作"按钮从中选择"合并形状"选项，再拖动出两个大小与前一个小圆相同的圆形，作为衣服的第二个、第三个钮扣，得到如图 5-27 所示的效果。

（7）选择"文件"｜"存储"命令，将其保存为"文件名"为"衣服"，"文件类型"为"Photoshop(*.PSD,*.PDD)"的图像。

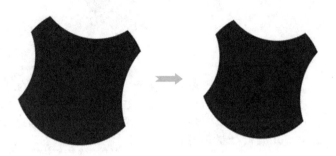

图 5-27　为衣服添加钮扣

❖5.2.5　自定义形状

Photoshop 允许用户使用"自定形状"绘制形状，也允许用户将绘制的形状或路径保存成自定形状，以方便后期应用。绘制自定义形状的方法前面已经介绍过了，这里主要介绍如何将自定义的形状保存至 Photoshop 中。

选择形状所在图层，然后切换至"路径"面板，选择要保存成自定义形状的矢量蒙版，然后选择"编辑"｜"定义自定形状"命令，打开如图 5-28 所示的"形状名称"对话框。在文本框中输入新自定形状的名称，单击"确定"按钮即可。

图 5-28　"形状名称"对话框

> 提 示
>
> 新形状显示在"选项"工具栏的"形状"面板中，如图 5-29 所示。

★例 5.5：打开"素材"文件夹中的"椭圆形 2.psd"文档，将"椭圆"图层中的形状保存为自定形状，名称为"待放（花）"。

（1）选择"文件"｜"打开"命令，打开"素材"文件夹中的"椭圆形 2.psd"文档。

（2）选择"图层"面板中的"椭圆"图层。

（3）切换至"路径"面板，选择"椭圆 形状路径"图层。

（4）选择"编辑"｜"定义自定形状"命令，打开"形状名称"对话框。

（5） 在"名称"文本框中输入"待放（花）"，如图 5-30 所示。

图 5-29 自定义的形状显示在面板中　　　　　　　　图 5-30 保存自定形状

（6） 单击"确定"按钮，将其保存至自定形状。

5.3 创建栅格化形状

Photoshop 可以将绘制的形状栅格化，并自动应用前景色进行填充。绘制完毕后则不能再对其进行编辑。

若要创建栅格化形状，应先选择要添加栅格化形状的图层，然后选择形状工具，在"工具"栏中设置前景色。再单击"选项"工具栏中的"工具模式"下拉列表框，从中选择"像素"选项，并设置"模式"、"不透明度"和"消除锯齿"属性。完成所有设置，在图层中拖动鼠标即可绘制栅格化形状，如图 5-31 所示。

颜色：黄绿色　　　　　　　颜色：黑色　　　　　　　颜色：黑色

模式：正常　　　　　　　　模式：变暗　　　　　　　模式：正常

不透明度：50%　　　　　　不透明度：50%　　　　　　不透明度：100%

图 5-31 栅格化形状

★例 5.6：打开"素材"文件夹中的"栅格化.psd"文档，在"背景"图层中添加"拼贴4"自定义栅格化形状。

（1） 选择"文件"｜"打开"命令，打开"素材"文件夹中的"栅格化.psd"文档。

（2） 选择"工具"栏中的"自定形状"工具，并单击前景色图标，在打开的"拾色器（前景色）"对话框中设置其颜色值为#96daab，如图 5-32 所示，单击"确定"按钮。

（3） 切换至"图层"面板，单击"背景"图层。

（4） 打开"选项"工具栏中的"工具模式"下拉列表框从中选择"模式"选项。

（5） 选择"形状"下拉列表框中的"拼贴 4"选项。

（6） 打开"模式"下拉列表框从中选择"正常"选项，设置"不透明度"值为 100%，在图层中拖动绘制两个栅格化形状。

（7） 以同样的方式，设置"模式：正片叠底"、"不透明度：100%"，绘制另外两个栅格化形状，得到如图 5-33 所示的效果。

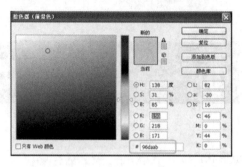

图 5-32　设置栅格化形状前景色

图 5-33　绘制栅格化形状

（8） 选择"文件"｜"存储为"命令，将其保存为"文件名"为"栅格化 2"，"文件类型"为"Photoshop(*.PSD,*.PDD)"的图像。

5.4　路径与锚点

路径由一个或多个直线段或曲线段组成。线段的端点或曲线段上用于标记位置转换的关键点，我们称之为锚点，它主要用于标记路径段的端点。在曲线段上，每个选中的锚点显示一条或两条方向线，方向线以方向点结束。方向线和方向点的位置决定曲线段的大小和形状。移动这些图素将改变路径中曲线的形状。

❖5.4.1　绘制路径

应用形状工具绘制路径的方法与绘制"矢量"和"栅格化"形状的方法相似。选择形状工具，然后从"选项"工具栏中的"工具模式"下拉列表框中选择"路径"选项，在图层中拖动即可绘制出路径，如图 5-34 所示。

❖5.4.2　认识锚点

选择"工具"栏中的"直接选择工具"，在绘制的路径上单击，即可显示该路径上的所有锚点。例如单击椭圆形右下角，得到如图 5-35 所示的锚点效果。

图 5-34　应用"椭圆工具"绘制的路径

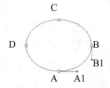

图 5-35　显示路径上所有锚点

图 5-35 中空心方块 A、B、C、D 为锚点，单击选择中的曲线段为 AB 弧，AA1、BB1

为方向线，A1 和 B1 为方向点，只有被选择的线段两端的锚点会显示方向线和方向点。应用"直接选择工具"在任意锚点上单击，空心方块变为实心方块，表示该锚点被选中，被选中的锚点会显示两个方向线，如图 5-36 所示。

> **注意**　路径可以是没有起点或终点闭合的，例如多边形、椭圆；也可以是有明显端点开放的，例如波浪线、直线。

❖5.4.3　调整路径

锚点位于平滑曲线中也被称为平滑点，位于曲线路径中也被称为角点。角点也存在方向线和方向点。平滑点和角点当在平滑点上移动方向线时，将同时调整平滑点两侧的曲线段。而移动角点方向线时，只能调整与方向线同侧的曲线段，如图 5-37 所示。

图 5-36　应用"椭圆工具"绘制的路径　　　　图 5-37　平滑点与角点的区别

1.　移动、调整直线

若要移动直线的位置，可选择"工具"栏中的"直接选择工具"，然后单击要移动位置的直线，将其拖动至新位置即可。

若要调整直线的长度和角度，应用"工具"栏中的"直接选择工具"选择要调整直线上的任意锚点，将锚点拖动到所需的位置，如图 5-38 所示。在调整直线角度时，按住 Shift 键拖动即可在上下 45º 范围内调整直线的角度。

图 5-38　调整直线的长度和角度

2.　调整曲线

若要移动整个线段的位置，可选择"工具"栏中的"路径选择工具"，然后拖动曲线至新位置即可。若只是想调整曲线中某一段线条，可选择"工具"栏中的"直接选择工具"，然后拖动该段线条，如图 5-39 所示。除此之外，也可以拖动锚点或拖动方向点调整曲线，如图 5-40 所示。

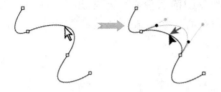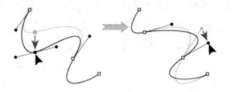

图 5-39　调整曲线　　　　　　　　　　　　　图 5-40　调整曲线

❖5.4.4　添加或删除锚点

若要删除锚点及与锚点相连的线条，可应用"直接选择工具"选择锚点，按 Delete 键即可，如图 5-41 所示。如果只删除锚点而不删除与锚点相连的线条，可选择"工具"栏中的"删除锚点工具"，在要删除的锚点上单击删除锚点，如图 5-42 所示。

若要添加锚点可选择"工具"栏中的"添加锚点工具"，在要添加锚点的曲线上单击即可。

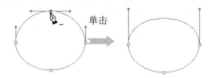

图 5-41　删除锚点连接的曲线　　　　　　　　图 5-42　删除锚点

❖5.4.5　转换平滑点和角点

Photoshop 允许用户将平滑点转换为角点，将角点转换为平滑点。要想实现平滑点与角点间的转换，要用到"转换点工具"。先应用"直接选择工具"选择路径，然后单击"工具"栏中的"转换点工具"，将指针移至要转换的锚点上方，进行以下操作。

（1）　要将平滑点转换成没有方向线的角点，直接在平滑点上单击即可，如图 5-43 所示。

（2）　要将角点转换成平滑点，将指针移至角点，向两侧拖动角点即可将其转换为平滑点，如图 5-44 所示。

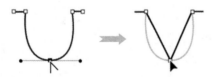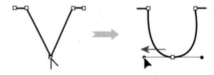

图 5-43　单击平滑点转换为角点　　　　　　　图 5-44　将角点转换为平滑点

（3）　如果要将平滑点转换成具有独立方向线的角点，单击并拖动任意方向点即可，如图 5-45 所示。

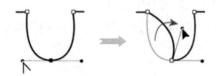

图 5-45　将平滑点转换为具有方向线的角点

（4）　要将没有方向线的角点转换为具有独立方向线的角点，首先将方向点拖动出角点成为具有方向线的平滑点，然后释放鼠标，拖动任一方向点即可。

> **提 示**
>
> 在路径选择状态下，应用"钢笔工具"按住 Alt 键同样可实现角点与平滑点之间的转换。

5.5　使用钢笔工具绘图

使用钢笔工具可以绘制路径和形状，绘制方法相同，本节主要介绍应用铅笔工具绘制路径的方法。Photoshop 提供多种钢笔工具：标准钢笔工具、自由钢笔工具、磁性钢笔工具。标准钢笔工具可用于绘制具有最高精度的图像；自由钢笔工具可用于像使用铅笔在纸上绘图一样来绘制路径；磁性钢笔选项可用于绘制与图像中已定义区域的边缘对齐的路径。

❖5.5.1　绘制直线

使用"钢笔工具"可以绘制的最简单的路径是直线。若要应用"钢笔工具"绘制直线，可先选择"工具"栏中的"钢笔工具"，然后从"选项"工具栏的"工具模式"下拉列表框中选择"路径"选项，在工作区域内单击确定直线的起点，将鼠标移至新位置处单击确定直线的终点，将指针移至"工具"栏在任意工具上单击，完成直线的绘制，如图 5-46 所示。

图 5-46　"直线"路径

如果要绘制一个曲线段组成的封闭形状，可连续单击"钢笔工具"，封闭时将"钢笔工具"指针移至已经绘制的锚点上，待钢笔指针右下角显示一个小圆圈时 🖋️ₒ，单击即可绘制一个封闭形状，如图 5-47 所示。

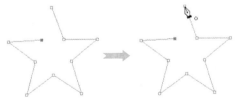

图 5-47　绘制封闭形状

> **提 示**
>
> 绘制开放形状时，若要结束形状的绘制，可将指针移至直线外任意位置处，按下 Ctrl 键后再单击鼠标，可退出路径编辑。

❖5.5.2　绘制曲线

应用"钢笔工具"绘制曲线时，为了更容易编辑曲线，最好在曲线改变方向的位置处添加锚点（即关键点），然后通过拖动构成曲线形状的方向线，调整方向线的长度及斜度决定曲线的形状。下面以实例的方式介绍应用"钢笔工具"绘制曲线的方法。

★例 5.7：新建 Photoshop 文档，创建如图 5-48 所示的曲线，并保存文件。

图 5-48　绘制曲线

（1）选择"文件"｜"新建"命令，打开"新建"对话框，创建一个"宽度：550 像素"、"高度：350 像素"、"分辨率：72 像素/英寸"、"颜色模式：8 位 RGB 颜色"、"背景内容：白色"的新文档。

（2）选择"工具"栏中的"钢笔工具"，将指针移至工作区域定位曲线的起点，单击并按住鼠标按钮拖动，如图 5-49 所示。

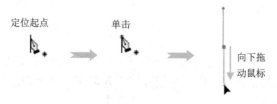

图 5-49　绘制曲线起点

（3）将指针移至新位置，单击并拖动鼠标指针完成第一段曲线的绘制，如图 5-50 所示。

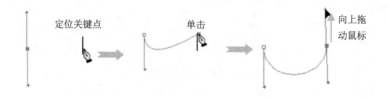

图 5-50　绘制第一段曲线

（4）将指针移至新位置，单击并拖动鼠标指针完成第二段曲线的绘制，如图 5-51 所示。

图 5-51　绘制第二段曲线

（5）按住 Ctrl 键，在曲线外任意位置处单击，退出曲线编辑。

（6）选择"文件"｜"存储"命令，将其保存为"文件名"为"钢笔路径-曲线"，"文件类型"为"Photoshop(*.PSD,*.PDD)"的图像。

❖5.5.3　创建自定义形状

在自定义形状时，有时可能不仅需要用到直线，还需要用到曲线。接下来介绍应用"钢笔工具"绘制直线后有曲线、曲线后跟直线、由角点连接的曲线形状的绘制方法。

1.　直线后绘制曲线

绘制一条直线后将"钢笔工具"定位至连接曲线的锚点处，再次按下鼠标拖动指针，为直线添加方向线，如图 5-52 所示。然后在直线外单击并拖动鼠标，调整曲线弧度，如图 5-53 所示。完成绘制后，将指针移至"工具"栏单击任意工具结束绘制。如果曲线形状不满足用户的需求，可以通过调整曲线两侧的方向线的方向及长度改变曲线形状。

图 5-52　为直线添加方向线　　　　　　图 5-53　在直线后创建曲线

2.　曲线后绘制直线

完成曲线绘制后在新位置处单击，绘制出来的一定是曲线，如图 5-54 所示。若要在曲线后绘制直线，应切换至"转换点工具"，单击选定的端点可将其从平滑点转换为角点，如图 5-55 所示。再切换至"钢笔工具"，移动指针至直线结束位置处单击，如图 5-56 所示。按住 Ctrl 键单击曲线外任意位置，结束路径编辑。

图 5-54　曲线后绘制曲线　　　图 5-55　将平滑点转换为角点　　　图 5-56　曲线后绘制直线

3.　绘制由角点连接的两条曲线

创建一段曲线后，切换至"转换点工具"，将指针移至方向点处指针变为 时，将方向线向其相反一端拖动，以设置下一条曲线的斜度，如图 5-57 所示。再切换至"钢笔工具"，将其移至第二条曲线的终点处，然后拖动一个新平滑点完成第二条曲线，如图 5-58 所示。

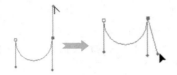

图 5-57 将平滑点转换为角点　　　　图 5-58 绘制的同向曲线

★例 5.8：新建 Photoshop 文档，应用钢笔工具创建如图 5-59 所示的数字，为其填充颜色后保存文件。

路径填充
前的效果

路径填充
后的效果

图 5-59 路径填充前后效果

（1） 选择"文件"｜"新建"命令，打开"新建"对话框，创建一个"宽度：550 像素"、"高度：350 像素"、"分辨率：72 像素/英寸"、"颜色模式：8 位 RGB 颜色"、"背景内容：白色"的新文档。

（2） 选择"工具"栏中的"钢笔工具"，将指针移至工作区域定位形状的起点，连续单击后释放鼠标，完成直线段的绘制。向右拖动锚点，拖动锚点后得到如图 5-60 所示的效果。

图 5-60 绘制直线段部分

（3） 在曲线未端单击并向左拖动鼠标，结束曲线段绘制。

（4） 以同样的方式，完成其他线段继续，直致将鼠标移至起始点处，单击封闭形状，如图 5-61 所示。

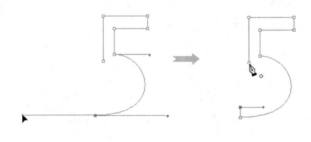

图 5-61 绘制曲线段部分并封闭曲线

（5） 选择"添加锚点工具"添加两个锚点，然后拖动各方向线的方向和长度，得到如图 5-62 所示的图形效果。

（6） 切换至"路径"面板，在"工作路径"上右击从弹出的快捷菜单中选择"填充路径"命令，打开"填充路径"对话框，如图 5-63 所示。

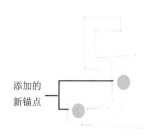

图 5-62 绘制曲线段部分　　　　　图 5-63 移至起始点封闭曲线

（7）打开"使用"下拉列表框从中选择"颜色"选项，系统自动弹出"拾色器（填充颜色）"对话框，设置填充色为#23752e，单击"确定"按钮。

（8）返回"填充路径"对话框，在"羽化半径"文本框中输入数值 1，单击"确定"按钮。

（9）选择"文件"｜"存储"命令，将其保存"文件名"为"钢笔工具-混合"，"文件类型"为"Photoshop(*.PSD,*.PDD)"的图像。

❖ 5.5.4　使用自由钢笔工具

使用"自由钢笔工具"可在工作区域内随意绘图，用户不需要考虑锚点的位置，Photoshop会自动为其添加锚点。用户只需在完成绘制后进一步对其进行调整即可。

若要使用"自由钢笔工具"绘制形状，应先打开"选项"工具栏中的"绘制方式"面板，在"曲线拟合"中输入介于 0.5 到 10.0 像素之间的值，设置最终路径对鼠标或光笔移动的灵敏度，如图 5-64 所示。值得注意的是，"曲线拟合"值越高，创建的路径锚点越少，路径越简单。完成设置后即可开始绘制形状。

★ 例 5.9：打开"素材"文件夹中的"自由钢笔工具.psd"文件，在图层中自由绘制图形，如图 5-65 所示。

（1）打开"素材"文件夹中的"自由钢笔工具.psd"文件。

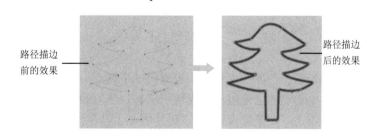

图 5-64 "绘制方式"面板　　　　　图 5-65 路径描边前后效果

（2）选择"工具"栏中的"自由钢笔工具"，将指针移至工作区域开始绘制。这里我们要创建的是闭合路径，拖动至路径的初始点，当它对齐时会在指针旁出现一个圆圈，完成路径绘制，得到如图 5-66 所示的效果。

（3）选择"直接选择工具"单击绘制的路径，调整锚点、方向线、方向点的位置，得

到如图 5-67 所示的效果。

图 5-66　自由铅笔工具绘制的形状　　　　　　　　图 5-67　调整后的形状效果

（4）　单击"工具"栏中的"前景色"颜色块，在弹出的对话框设置前景色为#ff0202，单击"确定"按钮退出颜色设置对话框。

（5）　切换到"路径"面板，在"工作路径"上右击，从弹出的快捷菜单中选择"描边路径"命令，打开"描边路径"对话框。

（6）　打开"工具"下拉列表框，从中选择"画笔"选项，单击"确定"按钮。

（7）　选择"文件"｜"存储"命令，保存文档。

❖5.5.5　磁性钢笔工具的使用

"磁性钢笔"是自由钢笔工具的选项，应用此工具可以绘制与图像中定义区域的边缘对齐的路径。选择"选项"工具栏中的"磁性的"复选框，"绘制方式"面板中的"磁性的"和"钢笔压力"才可用，如图 5-68 所示。

下面介绍"绘制方式"面板中各选项功能。

（1）　"曲线拟合"：定义绘制路径的复杂程度。

（2）　"宽度"：输入介于 1 和 256 之间的像素值。磁性钢笔只检测从指针开始指定距离以内的边缘。

图 5-68　"绘制方式"面板

（3）　"对比"：输入介于 1 到 100 之间的百分比值，指定将该区域看作边缘所需的像素对比度。值越高，图像的对比度越低。

（4）　"频率"：输入介于 0 到 100 之间的值，指定钢笔设置锚点的密度。此值越高，路径锚点的密度越大。

（5）　"钢笔压力"：如果使用的是光笔绘图板，选择该选项时，钢笔压力的增加将导致宽度减小。

完成设置，在图像中单击，设置第一个锚点。然后移动指针或沿要描的边拖动。在拖动过程中，刚绘制的边框段保持为现用状态。现用线段会与图像中对比度最强烈的边缘对齐，并使指针与上一个紧固点连接。"磁性钢笔工具"会自动添加锚点，以固定前面的各曲线段。

用户也可通过单击的方式添加锚点然后继续跟踪。如果边框没有与所需的边缘对齐，用户可以通过单击的方式添加锚点，然后再继续沿边缘操作；如果出现错误，可按 Delete 键删除上一个锚点，重新绘制。

如果要结束开放路径的绘制，可按 Enter 键；如果要闭合包含磁性段的路径，直接双击即可；如果要闭合包含直线段的路径，可按住 Alt 键后双击。

提示　要动态修改磁性钢笔的属性，按住 Alt 键拖动，可绘制手绘路径；按住 Alt 键并单击，可绘制直线段；按左方括号键（[）可将磁性钢笔的宽度减小 1 个像素；按右方括号键（]）可将钢笔宽度增加 1 个像素。

★例 5.10：打开"素材"文件夹中的"磁性钢笔工具.psd"文件，将其中的饰物抠出来，如图 5-69 所示。

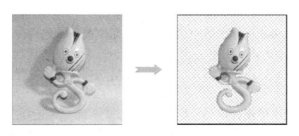

图 5-69　应用磁性钢笔工具抠图

（1）　打开"素材"文件夹中的"磁性钢笔工具.psd"文件。

（2）　选择工具栏中的"自由钢笔工具"，再选择选项工具栏中的"磁性的"复选框。

（3）　将指针移至工作区域，沿着饰物移动勾勒出饰物的轮廓，当指针移至起点时，单击，完成路径绘制，如图 5-70 所示。

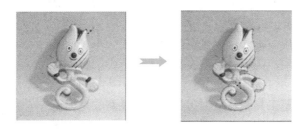

图 5-70　勾勒轮廓

（4）　切换至"图层"面板，双击"背景"图层右侧的锁图标，弹出"新建图层"对话框，单击"确定"按钮。

（5）　切换到"路径"面板，在"工作路径"上右击，从弹出的快捷菜单中选择"建立选区"命令，打开"建立选区"对话框，如图 5-71 所示。在"羽化半径"文本框中输入数值 1，单击"确定"按钮。

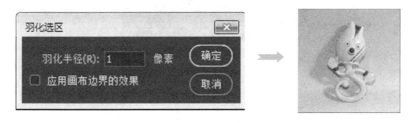

图 5-71　建立选区

（6）选择"选择"｜"反向"命令，反向选择并按 Delete 键删除选择区域，再按 Ctrl+D 组合键取消选区的选择。

（7）选择"文件"｜"存储为"命令，将其保存"文件名"为"磁性钢笔工具 OK"，"文件类型"为"Photoshop(*.PSD,*.PDD)"的图像。

5.6　使用铅笔工具绘图

使用"铅笔工具"可在工作区域中绘制硬边线条，线条颜色为前景色。若要使用"铅笔工具"绘制图形，应选择一种前景色；然后从如图 5-72 所示的"选项"工具栏中调出"画笔预设"面板选择画笔样式；再设置模式、不透明度等选项。完成设置后，执行下列任一操作可绘制图形。

（1）在工作区域中单击并拖动鼠标绘画图形。

（2）若要绘制直线，可先单击确定起点，然后按住 Shift 键在终点处单击。

图 5-72　"铅笔工具"的"选项"工具栏

下面介绍一下"选项"工具栏中各选项功能。

（1）"画笔预设"：单击打开"画笔预设"面板，在该面板中可以设置画笔的大小、硬度和形状，如图 5-73 所示。

- 大小：拖动滑块或输入一个值更改铅笔笔尖大小。如果画笔具有双笔尖，则主画笔笔尖和双画笔笔尖都将进行缩放。

- 硬度：更改铅笔工具的消除锯齿量。值得注意的是无论铅笔工具的硬度设置为 0 还是 100，都只能绘制硬边图形，而无法绘制柔边图形。

- 取样大小：如果画笔笔尖形状基于样本，则使用画笔笔尖的原始直径。该选项不适用于圆形画笔。

图 5-73　"画笔预设"面板

（2）不透明度：设置应用的颜色的透明度。

（3）自动抹除：应用背景色抹除前景色，即用背景色覆盖前景色，如图 5-74 所示。

蓝色背景色　　　　　　　　　　　　　　　　　　红色前景色

图 5-74　背景色抹除前景色

★例 5.11：创建新文档，并用"铅笔工具"书写数字 0123，如图 5-75 所示。

（1）选择"文件"｜"新建"命令，打开"新建"对话框，创建一个"宽度：550 像素"、"高度：350 像素"、"分辨率：72 像素/英寸"、"颜色模式：8 位 RGB 颜色"、"背景内容：白色"的新文档。

图 5-75　应用铅笔工具绘制的图形

（2）　单击"工具"栏中的"前景色"颜色块，设置前景色颜色为#7a7777。

（3）　选择"工具"栏中的"铅笔工具"，在"选项"工具栏中的"画笔预设"文本框中输入数值 1，设置笔尖大小为 1 像素像素，单击"取样大小"列表框从中选择"硬笔尖"样式。

（4）　在工作区域内先按下鼠标左键不放，再按下 Shift 键，拖动鼠标绘制水平垂直线条。

（5）　以同样的方式，绘制水平垂直线条，完成所有数字的输入。

（6）　选择"文件"｜"存储"命令，将其保存"文件名"为"铅笔工具"，"文件类型"为"Photoshop(*.PSD,*.PDD)"的图像。

5.7　擦除图像

Photoshop 中的擦除工具主要有 3 类：橡皮擦工具、背景橡皮擦工具和魔术橡皮擦工具。下面主要介绍"橡皮擦工具"、"背景橡皮擦工具"和"魔术橡皮擦工具"的应用方法。

❖5.7.1　橡皮擦工具的使用

应用"橡皮擦工具"擦除图像时，Photoshop 会自动应用背景色代替橡皮擦经过的位置。为了擦除得更确准，用户可从"选项"工具栏中设置擦除工具的笔触的大小样式，擦除的模式、不透明度。

如果要抹除图像的已存储状态或快照，可在"历史记录"面板中单击状态或快照的左列，选择"选项"工具栏中的"抹到历史记录"复选框，然后按住 Alt 键拖动鼠标即可。

★例 5.12：打开"素材"文件夹中的"7-2.jpg"文档，将其中的枫叶背景擦除，如图 5-76 所示。

（1）　选择"文件"｜"打开"命令，打开"打开"对话框，进入"素材"文件夹存放路径，选择"7-2.psd"，单击"打开"按钮。

图 5-76　应用橡皮擦工具涂抹前后效果

（2）选择"工具"栏中的"橡皮擦工具"，打开"选项"工具栏中的"画笔预设"面板，在"大小"文本框中输入数值 50，样式为"硬边圆压力大小"（第一行第 4 个选项）。

（3）沿咖啡杯和碟子四周小心翼翼擦除出一圈来，如图 5-77 所示。（提示：为了避免多擦或少擦，可以将图形放大至 300%，然后再进行擦除操作。）

（4）拖动橡皮擦，将其余枫叶擦除。

（5）打开"选项"工具栏中的"画笔预设"面板，在"大小"文本框中输入数值 1，将如图 5-78 所示的杯、碟相交处的颜色擦除。

图 5-77　应用橡皮擦工具涂抹

图 5-78　应用橡皮擦工具涂抹

（6）选择"文件"｜"存储为"命令，将其保存为"文件名"为"橡皮擦工具"，"文件类型"为"Photoshop(*.PSD,*.PDD)"的图像。

❖5.7.2　背景橡皮擦工具的使用

背景橡皮擦可采集画笔中心（热点）的色样，并删除在画笔内的任何位置出现的该颜色。它还可在任何前景对象的边缘采集颜色。因此，如果前景对象以后粘贴到其他图像中，将看不到色晕。

使用"背景橡皮擦工具"在图层上拖动可将图层中的像素抹成透明，从而可以在抹除背景的同时在前景中保留对象的边缘。用户可以在"选项"工具栏中指定不同的取样和容差选项，控制透明度的范围和边界的锐化程度，如图 5-79 所示。

图 5-79　背景橡皮擦工具的"选项"工具栏

下面介绍背景橡皮擦工具的"选项"工具栏各属性功能。

（1）"取样"选项：选择取样方式。

- "连续" ：随着拖动连续采取色样。
- "一次" ：只抹除包含第一次单击的颜色的区域。
- "背景色板" ：只抹除包含当前背景色的区域。

（2）"限制"：选择抹除的限制模式。

- "不连续"：抹除出现在画笔下面任何位置的样本颜色。
- "邻近"：抹除包含样本颜色并且相互连接的区域。
- "查找边缘"：抹除包含样本颜色的连接区域，同时更好地保留形状边缘的锐化程度。

（3）"容差"：输入值或拖动滑块。低容差仅限于抹除与样本颜色非常相似的区域，高容差抹除范围更广的颜色。

（4） "保护前景色"：选择该复选框可防止抹除与工具框中的前景色匹配的区域。

★例 5.13：打开"素材"文件夹中的"磁性钢笔工具 OK.psd"文档，将两个不属于饰物的背景块删除，如图 5-80 所示。

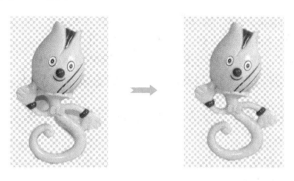

图 5-80 应用橡皮擦工具擦除多余颜色块

（1） 选择"文件"｜"打开"命令，打开"打开"对话框，进入"素材"文件夹存放路径，选择"磁性钢笔工具 OK.psd"，单击"打开"按钮。

（2） 从"工具"栏中选择"背景橡皮擦工具"。

（3） 打开"选项"工具栏中的"限制"面板，从中选择"查找边缘"选项，设置"容差"值为 20%，单击取样方式中的"连续"按钮。

（4） 将工作区域视图放大至 300%，指针移至左侧颜色块，拖动鼠标擦除颜色，如图 5-81 所示。

擦除此处
颜色块

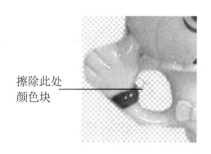

图 5-81 擦除多余颜色块

（5） 以同样的方式，擦除另外的颜色块。完成擦除将工作区域视图调整回 100%。

（6） 选择"文件"｜"存储"命令，将其保存为"文件名"为"背景橡皮擦工具"，"文件类型"为"Photoshop(*.PSD,*.PDD)"的图像。

❖5.7.3 魔术橡皮擦工具的使用

用魔术橡皮擦工具在图层中单击时，该工具会将所有相似的像素更改为透明。如果在已锁定透明度的图层中工作，这些像素将更改为背景色。如果在背景中单击，则将背景转换为图层并将所有相似的像素更改为透明。用户可以在"选项"工具栏中指定不同的容差、透明度范围，然后再进行擦除操作，如图 5-82 所示。

图 5-82　魔术橡皮擦工具的"选项"工具栏

下面介绍魔术橡皮擦工具的"选项"工具栏各属性功能。

（1）　"容差"：输入容差值以定义可抹除的颜色范围。

（2）　"消除锯齿"：选择该复选框可使抹除区域的边缘平滑。

（3）　"连续"：选择该复选框只抹除与单击像素连续的像素，取消选择则抹除图像中的所有相似像素。

（4）　"对所有图层取样"：选择该复选框有利用所有可见图层中的组合数据来采集抹除色样。

（5）　"不透明度"：指定不透明度以定义抹除强度。100% 的不透明度将完全抹除像素，较低的不透明度将部分抹除像素。

★例 5.14：打开"素材"文件夹中的"7-2.psd"文档，枫叶背景擦除，如图 5-83 所示。

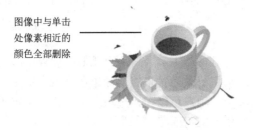

图 5-83　应用魔术橡皮擦工具擦除前后效果

（1）　选择"文件"｜"打开"命令，打开"打开"对话框，进入"素材"文件夹存放路径，选择"7-2.jpg"，单击"打开"按钮。

（2）　双击"图层"面板中的"背景"图层，弹出"新建图层"对话框，单击"确定"按钮。

（3）　选择"图层"面板中的"锁定"复选框，锁定当前图层"图层 0"。

（4）　单击"工具"栏中的"背景色"颜色块，确认背景色为"白色"。

（5）　选择"工具"栏中的"橡皮擦工具"，打开"选项"工具栏中的"容差"文本框中输入数值 50。

（6）　在枫叶上单击，擦除图像中所有单击点相似的像素，如图 5-84 所示。

图像中与单击
处像素相近的
颜色全部删除

图 5-84　应用橡皮擦工具涂抹

（7）选择"文件"｜"存储为"命令，将其保存为"文件名"为"魔术橡皮擦工具"，"文件类型"为"Photoshop(*.PSD,*.PDD)"的图像。

5.8 典型实例——酣睡的蜂

打开"素材"文件夹中的 007-5 和 007-6 两个 JPG 文档，将 007-5.jpg 文档中的蜂抠出来，移至 007-6.jpg 中，并用圆形将其圈出，得到如图 5-85 所示的效果。

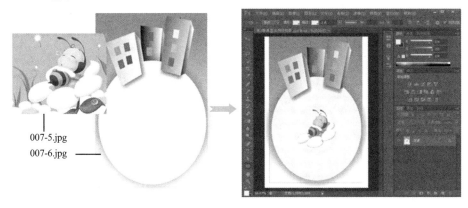

007-5.jpg
007-6.jpg

图 5-85 酣睡的蜂

1. 应用擦除工具擦除抠图

（1）选择"文件"｜"打开"命令，打开"素材"文件夹中的"007-5.JPG"图像。

（2）选择"工具"栏中的"魔术橡皮擦工具"，在蜂及白色花瓣外的其他位置上单击，隔离蜂、白色花瓣及背景，如图 5-86 所示。

（3）选择"工具"栏中的"背景橡皮擦工具"，将与白色花瓣相连的白色部分擦除，如图 5-87 所示。

（4）选择"工具"栏中的"橡皮擦工具"，打开"选项"工具栏中的"画笔预设"面板，在"大小"文本框中输入数值 50，将其余多部部分擦除，如图 5-88 所示。

（5）选择"文件"｜"存储为"命令，将其保存为"文件名"为"第 6 章典型实例-中间效果图"，"文件类型"为"Photoshop(*.PSD,*.PDD)"的图像。

（6）选择"工具"栏中的"魔术棒"工具，在透明背景上单击，选择透明背景。

图 5-86 应用"魔术橡皮擦工具"　　图 5-87 应用"背景橡皮擦工具"　　图 5-88 应用"橡皮擦工具"

（7）　选择"选择"｜"反向"命令，选择酣睡的蜂，按 Ctrl+C 组合键复制蜂。

2.　将抠出的图粘贴至新文件中

（1）　选择"文件"｜"打开"命令，打开"素材"文件夹中的"007-7.JPG"图像。

（2）　单击"图层"面板中的"新建图层"命令，创建新图层。

（3）　按 Ctrl+V 组合键粘贴蜂，得到如图 5-89 所示的效果。

（4）　在"图层"面板中将"不透明度"值修改为 50%，得到如图 5-90 所示的效果。

图 5-89　粘贴蜂后的效果　　　　　　　　　　　　　图 5-90　设置图层不透明度

3.　绘制形状

（1）　单击"图层"面板中的"背景"图层，选择"工具"栏中的"椭圆形工具"。

（2）　打开"选项"工具栏中的"工具模式"下拉列表框从中选择"形状"选项。

（3）　打开"选项"工具栏中的"填充"面板，单击右上角的彩色色块，打开"拾色器（填充颜色）"对话框，设置颜色代码为#e0ffe0，单击"确定"按钮。

（4）　打开"选项"工具栏中的"描边"面板，单击右上角的彩色色块，打开"拾色器（描边颜色）"对话框，设置颜色代码为# dbffdb，单击"确定"按钮。

（5）　在"选项"工具栏中设置"描边宽度"值为"20 点"，"描边样式"为长画线。

（6）　打开"选项"工具栏中的"绘制方式"面板，选择"从中心"复选框，选择"圆（绘制直径或半径）"单选按钮。

（7）　在工作区域拖动鼠标绘制一个正好可以圈住蜂的圆形。

4.　拼合图层

（1）　选择"图层"面板中的"背景"图层。

（2）　在该图层上右击，从弹出的快捷菜单中选择"拼合图像"命令。

（3）　选择"文件"｜"存储为"命令，将其保存为"文件名"为"第 7 章典型实例终效图"，"文件类型"为"Photoshop(*.PSD,*.PDD)"的图像。

5.9　本章小结

　　本章主要介绍了形状的绘制方法，内容包含应用"形状工具"、"钢笔工具"和"铅笔工具"绘制形状、路径和栅格化图像，以及擦除图像的方法。通过本章的学习，读者应了解绘制形状及路径的方法，并掌握应用选择工具调整路径的方法与技巧。

5.10　习　　题

❖5.10.1　填空题

（1）　Photoshop 中为用户提供了 3 种不同的模式，分别是：＿＿＿＿＿＿＿＿＿＿＿＿。

（2）　图形一般分为两大类：＿＿＿＿＿＿和＿＿＿＿＿＿。

（3）　若要绘制诸如"猫瓜印"的形状，应选择＿＿＿＿＿＿工具。

（4）　应用"磁性钢笔工具"应选择"钢笔工具"命令组中的＿＿＿＿＿＿选项。

（5）　应用＿＿＿＿＿＿工具，单击即可擦除与之相临像素相近的色素点。

❖5.10.2　选择题

（1）　将平滑点转换为角点的方法＿＿＿＿。

　　　　A. 单击　　　　　　　　　　　　　B. 双击

　　　　C. 按 Shift 键双击　　　　　　　　D. 按 Alt 键单击

（2）　应用"钢笔工具"绘制路径时，要在直线后紧接着绘制曲线的方法，下列说法正确的是＿＿＿＿。

　　　　A. 直接在直线外任意一点单击即可绘制曲线

　　　　B. 为直线未端的锚点添加方向线后可绘制曲线

　　　　C. 将角点转换为平滑点后即可绘制曲线

　　　　D. 按住 Shift 键可将角点转换为平滑点

（3）　应用"钢笔工具"绘制路径时，要在曲线后紧接着绘制直线的方法，下列说法正确的是＿＿＿＿。

　　　　A. 直接在曲线外任意一点单击即可绘制直线

　　　　B. 为曲线未端的锚点添加方向线后可绘制直线

　　　　C. 将平滑点转换为角点后即可绘制直线

　　　　D. 按住 Shift 键可将平滑点转换为角点

（4）　关于锚点下列说法不正确的是＿＿＿＿。

　　　　A. 应用"路径选择工具"可以选择锚点

　　　　B. 选择状态下的锚点显示为实心方块

　　　　C. 锚点位置是可以随意移动的

　　　　D. 锚点可以有方向线

（5）　关于铅笔工具下列说法正确的是＿＿＿＿。

　　　　A. 应用"铅笔工具"可以绘制出柔边效果

　　　　B. 在"铅笔工具"绘制的前景色上再次绘制时，背景色将覆盖鼠标经过的前景色

　　　　C. 应用铅笔工具只能绘制 1 像素图像

　　　　D. "铅笔工具"和"钢笔工具"应用方法完全相同

❖5.10.3 简答题

（1） 如何转换平滑点和角点？
（2） 如何绘制由角点连接的两条曲线？
（3） 如何应用魔术橡皮擦工具擦除背景？

❖5.10.4 上机实践

（1） 在不考虑填充颜色效果的情况下，打开如图 5-91 所示的"素材"文件夹中的图像
"007-6.jpg"，应用形状工具绘制该图形。

图 5-91 应用形状绘制该图形

（2） 打开如图 5-92 所示的"素材"文件夹中的图像"007-1.jpg"，分别应用擦除工具
和钢笔工具将图像中的两朵花抠出来保存成 PSD 文件格式。

图 5-92 应用擦除工具和钢笔工具抠图

第 6 章

使 用 文 本

教学目标：

通过对文本进行格式化、变形或设置特效可以得到千变万化的文本效果。由于文本的可编辑性，使文本效果的创建在 Photoshop 中变得越来越简单，从而节省了大量制作图形文字的时间。本章主要介绍了文本的创建与设置，内容包括文本输入与格式化的基本知识，文字变形与设置特殊效果的方法，以及为文字创建选区、工作路径及形状的方法。通过本章的学习，读者应了解如何创建文本，并掌握图像设置文本及添加特效的各种方法与技巧。

教学重点与难点：

1. 创建文本。
2. 格式化字符。
3. 设置特效。

6.1　Photoshop 中的文本

Adobe Photoshop 中的文字由基于矢量的文字轮廓组成，这些形状描述字样的字母、数字和符号。许多字样可用于一种以上的格式，最常用的格式有 Type 1（又称 PostScript 字体）、TrueType 和 OpenType。

❖6.1.1　认识 Photoshop 中的文本工具

Photoshop 中内置了两大类文字工具：普通文字工具和文字蒙版工具。而普通文字工具又分为横排文字工具和直排文字工具，文字蒙版工具又分为横排文字蒙版工具和直排文字蒙版工具。若要使用文本工具，可单击"工具"栏中的 T 型按钮右下三角箭头，从打开的面板中选择要应用的文字工具，如图 6-1 所示。

图 6-1　文本工具面板

❖6.1.2　文本"选项"工具栏

选择一种文本工具后，在"选项"工具栏中会显示用于设置文本格式的相应属性选项，如图 6-2 所示。

图 6-2　文本"选项"工具栏

下面介绍文本"选项"工具栏中各选项功能说明。

（1）　"文本取向"：单击此按钮，可在水平文本与垂直文本之间进行转换。

（2）　"字体系列"：为文本设置字体类型。

（3）　"设字体大小"：为文本设置字体大小。

（4）　"消除锯齿"：选择消除锯齿的方法。

● "无"：不应用消除锯齿。

● "锐利"：文字以最锐利的效果显示。

● "犀利"：文字以稍微锐利的效果显示。

● "浑厚"：文字以厚重的效果显示。

● "平滑"：文字以平滑的效果显示。

（5）　"左对齐文本"、"居中对齐"和"右对齐文本"：设置文本段落对齐方式。

（6）　"文本颜色"：为选择的文本设置颜色。

（7）　"文字变形"：设置文字的变形效果。

（8）　"面板"：打开"字符"和"段落"面板，可用于设置字符或段落格式。

（9）　"取消"：清除所有当前编辑。

（10）　"提交"：提交所有当前编辑。

6.2　创建文本

Photoshop 中可以通过 3 种不同的方法创建文本：在点上创建（点文本）、在段落中创建（段落文本）和沿路径创建（路径文本），如图 6-3 所示。

（1）　点文本：是一个水平或垂直文本行，用户可从单击的位置开始输入文本。该种方法适用于向工作区域添加少量文字。

（2）　段落文本：使用水平或垂直方式控制字符流的边界。该种方式适用于想要创建一个或多个段落的情况。

（3）　路径文本：是指沿着开放或封闭的路径的边缘流动的文字。

点文本　　　　　　　段落文本　　　　　　　路径文本

图 6-3　应用 Photoshop 创建的文本

❖6.2.1　创建点文本

点文本的每行文字都是独立的，即行的长度随着编辑增加或缩短，不会自动换行。用户要想得到多行文本，必须通过按字母键盘上的 Enter 键才能实现换行。

若要创建点文本，可先选择任意一种文本工具，然后在工作区域上单击，为文字设置插入点，再输入所需文本，最后执行以下任一操作结束文本的输入，退出文本编辑。

（1）　单击"选项"工具栏中的"提交"按钮。

（2）　按数字键盘上的 Enter 键。

（3）　按 Ctrl+Enter 组合键。

（4）　选择"工具"栏中任意工具。

（5）　在任意面板中单击。

（6）　执行可用菜单中的命令。

❖6.2.2　创建段落文本

输入段落文本时，文字基于文本框的尺寸换行。可以输入多个段落并选择段落调整选项。除此之外，用户还可以通过调整文本框的大小，在文字矩形框内重新排列文字。

1.　创建段落文本

创建段落文本最常用的方法有两种：拖动法和单击法。选择"横排文字工具"或"直排文字工具"后，若要用拖动法创建段落文本，在工作区域内沿对角线方向拖动鼠标，为文本定义一个矩形框，并在矩形框内输入所需文本，如图 6-4 所示，完成后退出文本编辑。

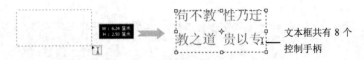

图 6-4　拖动法创建段落文本

　　若要用单击法创建段落文本，将指针移至工作区域，按住 Alt 键并单击弹出"段落文本大小"对话框。在输入"宽度"值和"高度"值单击"确定"按钮。在创建的矩形框内输入文本，如图 6-5 所示，完成后退出文本编辑。

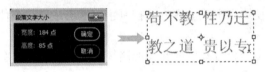

图 6-5　单击法创建段落文本

2.　调整段落文本框

　　向段落文本框中输入文本时，如果内容超出了文本框行所容纳的范围，无需用户按 Enter 键系统会自动换行。用户若按下字母键盘上的 Enter 键，则表示创建新段落。如果内容超出了文本框所能容纳的大小，文本框将显示溢出图标⊞，表示文本框中还包含未显示的内容。

　　为了显示文本框中的其他内容，需要对文本框进行操作，如调整文本框大小，除此之外还可以通过旋转、缩放和斜切文本框调整文字效果。

　　（1）调整文本框大小：将指针移至控制手柄上，当指针变为双向箭头（↔ 或 ↘）时，按下鼠标左键并拖动即可调整文本框大小。若拖动时按住 Shift 键，则可保持文本框的比例调整大小，如图 6-6 所示。

图 6-6　控制 Shift 键等比例调整文本框大小

> **提　示**
>
> 按住 Ctrl 键的同时拖动文本框 4 个角的控制手柄，则可以调整文本字体大小；按住 Alt 键的同时拖动文本框 4 个角的控制手柄，可以从中心点缩放文本框大小，如图 6-7 所示。

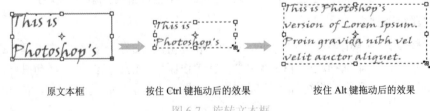

原文本框　　　　　　　　按住 Ctrl 键拖动后的效果　　　　　　　　按住 Alt 键拖动后的效果

图 6-7　旋转文本框

（2）　旋转文本框：将指针移至文本框外，当指针变为弯曲的双向箭头时↰，按下鼠标左键并拖动即可沿中心点旋转文本框。若拖动时按住 Shift 键，则可将旋转限制为按 15° 增量进行。

提 示　默认状态下文本框的中心点位于正中央，若要改变中心点的位置，可按住 Ctrl 键拖动中心点，如图 6-8 所示。

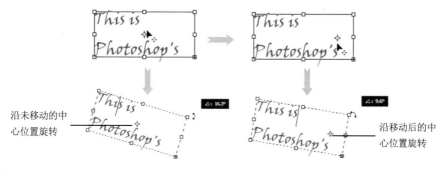

沿未移动的中心位置旋转

沿移动后的中心位置旋转

图 6-8　旋转文本框

（3）　斜切文本框：将指针移至文本框中间控制手柄处，当指针将变为一个箭头▷时，按住 Ctrl 键并拖动即可斜切文本框，如图 6-9 所示。

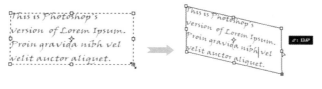

图 6-9　斜切文本框

提 示　用户只能在文本编辑状态下调整文本框。如果已经退出文本编辑，则应选择文本图层，用文本工具在文本上单击重新进入文本编辑状态后才能对文本框进行操作。

★例 6.1：打开"素材"文件夹中的"008-1.jpg"图像文件，向其中添加竖排文字"雨打桃花美 风吹稻花香"。

（1）　选择"文件"｜"打开"命令，打开"素材"文件夹中的"008-1.jpg"图像文件。

（2）　选择"工具"栏中的"直排文本工具"，在图像空白位置处沿对角方向拖动出一个矩形文本框，如图 6-10 所示。

（3）　切换至中文输入法，输入文本"雨打桃花美"，按字母键盘上的 Enter 键换行，如图 6-11 所示。

图 6-10　绘制直排文本框　　　　　　　　　　　　　图 6-11　输入所需文本

（4）输入文本"风吹稻花香"，拖动角点控制柄调整文本框大小，显示所有内容。

（5）按数字键盘上的 Enter 键，退出文本编辑。

（6）选择"移动工具"调整文本框的位置。

（7）选择"文件"｜"存储为"命令，将其保存"文件名"为"创建文本 1"，"文件类型"为"Photoshop(*.PSD,*.PDD)"的图像。

❖6.2.3　点文本与段落文本的相互转换

Photoshop 允许用户将点文本转换为段落文本，以便在文本框内调整字符排列；或将段落文本转换为点文本，以便使各文本行彼此独立排列。将段落文本转换为点文本时，每个文字行的末尾（最后一行除外）都会添加一个回车符。

若要在点文本与段落文本间进行转换，应先选择"图层"面板中的"文字"图层，然后选择"文字"｜"转换为点文本"命令或"文字"｜"转换为段落文本"命令即可，如图 6-12所示。

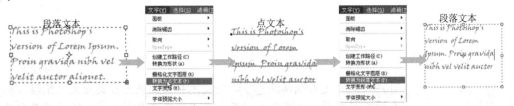

图 6-12　段落文本与点文本相互转换

值得注意的是：将段落文本转换为点文本时，会打开一个提示对话框，提示用户所有溢出的未被显示在文本框中的字符都将被删除。若要避免文字丢失，应先调整文本框大小，使所有文字都显示在文本框中。

❖6.2.4　添加占位文本

使用 Photoshop 中的 Lorem-ipsum 占位文本，可以快速地填充文本块进行布局。选择文字工具，在已经创建的文本框中单击，进入文本框编辑状态。然后选择"文字"｜"粘贴 Lorem Ipsum"命令即可添加 Photoshop 内置的占位文本，如图 6-13 所示。

图 6-13　添加占位文本

❖6.2.5　创建路径文本

Photoshop 允许用户沿着用钢笔或形状工具创建的工作路径（开放路径或封闭路径）边缘排列文字，即文字沿着锚点被添加到路径的方向排列。

若要创建路径文本，应先根据需要绘制路径，然后选择任意文字工具。将指针移至路径，当指针变为 形状时，单击定位指针创建插入点，并沿路径方向输入文本即可，如图 6-14所示。

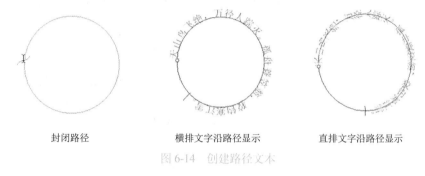

封闭路径　　　　　横排文字沿路径显示　　　　　直排文字沿路径显示

图 6-14　创建路径文本

提　示

选择不同的文字工具，沿路径显示的效果也不同。横排文字沿着路径显示时，文字与基线垂直；直排文字沿着路径显示时，文字与基线平行。

★例 6.2：打开"素材"文件夹中的"008-2.jpg"图像文件，添加弧形路径，并沿路径输入文本"天道酬勤"。

（1）　选择"文件"｜"打开"命令，打开"素材"文件夹中的"008-2.jpg"图像文件。

（2）　应用"钢笔绘制工具"绘制如图 6-15 所示的路径。

（3）　选择"工具"栏中的"横排文字工具"，将鼠标移至路径左侧单击输入文本"天道酬勤"，如图 6-16 所示。

（4）　按数字键盘上的 Enter 键，退出文本编辑。

（5）　选择"文件"｜"存储为"命令，将其保存"文件名"为"创建路径文本 1"，"文件类型"为"Photoshop(*.PSD,*.PDD)"的图像。

图 6-15 绘制开放路径

图 6-16 输入所需文本

6.3 文字的格式化

文字格式化是指为文本指定不同的字体（如宋体、黑体等）和字体样式（如粗体、半粗体、斜体和粗斜体）。除此之外，还可以为选择的字符指定格式、为某行文字设置行距或字距、为某个段落设置段前段后间距等。

❖6.3.1 选择字符

如果要在输入字符后为其设置格式，则必须先选择这些字符。选择"横排文字工具"或"直排文字工具"，在"图层"面板中选择文字图层或者在文本中单击以自动选择文字图层，将插入点定位至文本框中，然后执行下列任意操作选择字符。

（1） 拖动鼠标以选择一个或多个字符。

（2） 在文本中单击，然后按住 Shift 键单击以选择一定范围的字符。

（3） 按 Ctrl+A 组合键或选择"选择"｜"全部"命令，选择图层中的所有字符。

（4） 双击一个字可选择该字，连续三击可选择该行，连续四击可选择插入点所在的段落，连续五击可选择文本框内所有字符。

（5） 要使用箭头键选择字符，在文本中单击，然后按住 Shift 键并按右箭头键或左箭头键。要使用这些键选择单词，按住 Shift+Ctrl 组合键并按右箭头键或左箭头键。

（6） 若插入点不在文本框内，可选择"图层"面板中的文字图层，然后双击图层的文字图标选择文本框内所有字符。

❖6.3.2 认识"字符"面板

"字符"面板提供了用于设置字符格式的选项。用户可以通过执行下列任意操作显示"字符"面板，如图 6-17 所示。

（1） 选择"窗口"｜"字符"命令，或者单击"字符"面板选项卡。

（2） 在文字工具处于选定状态的情况下，单击选项栏中的"面板"按钮。

下面介绍"字符"面板中各选项功能。

（1） 字体系列：用于设置字符的字体，如宋体、楷体、隶书等。

图 6-17 "字符"面板

（2）　字体样式：用于设置字符的样式，如粗体、斜体等。

（3）　字体大小：设置字符的大小，默认单位为点。要想更改单位可直接在数值后面输入即可，如英寸、厘米、毫米、像素等。

（4）　行距：设置行与行之间的距离，默认选择"自动"。用户可从下拉列表框中选择行距值。

（5）　字距微调：设置特定字符对之间的间距。

（6）　字距调整：设置字符间的间距。

（7）　比例间距：设置字符间的比例间距。使用该选项时，必须在"字体"首选项中选择"显示亚洲字体选项"选项。

（8）　垂直缩放：设置字符的垂直缩放值，默认值为100%。

（9）　水平缩放：设置字符间的水平间距。

（10）　基线偏移：设置基线的位置。

（11）　颜色：设置字符的颜色。

❖6.3.3　格式化字符

为字符指定格式的操作既可在输入字符之前设置，也可以在输入字符后重新设置更改文字图层中字符的外观。

1.　给文本加下画线或删除线

若要在选择的横排字符下方或直排文字的左侧或右侧添加一条直线,或贯穿文字的直线,可使用"下画线" T 按钮和"删除线"按钮 T 。

要为横排文字添加下画线或删除线，应先选择文字，单击"字符"面板中的"下画线"按钮、"删除线"按钮，如图 6-18 所示，也可以打开"字符"面板菜单从中选择"删除线"命令。

下画线 —— 天山鸟飞绝　　　　天山鸟飞绝——删除线

图 6-18　下画线及删除线效果

要在直排文字添加下画线，则应先确定是要添加在文字左侧。如果直接单击"字符"面板中的"下画线"按钮，会在文字的左侧添加直线；如果要在文字右侧添加直线，可打开"字符"面板菜单从中选择"下画线右侧"命令，如图 6-19 所示。

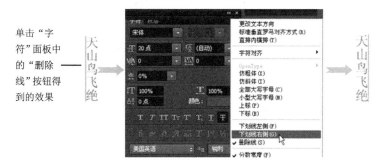

图 6-19　直排文字下画线效果

2. 全部大写字母或小型大写字母

在输入英文字符时，可以输入大写字符或将文字设置为大写字符格式，即全部大写字母或小型大写字母。将文本格式设置为小型大写字母时，Photoshop 会自动使用作为字体一部分的小型大写字母字符；如果字体中不包含小型大写字母，则 Photoshop 会生成仿小型大写字母，如图 6-20 所示。

Cactus | class Magnoliophyta   C<small>ACTUS</small> | <small>CLASS</small> M<small>AGNOLIOPHYTA</small>

图 6-20   常规大写字母与小型大写字母

若要设置全部为大写字母或全部为小型大写字母，可单击"字符"面板中的"全部大写字母"按钮或"小型大写字母"按钮；或从"字符"面板菜单中选择"全部大写字母"或"小型大写字母"命令。

3. 指定上标字符或下标字符

上标和下标是相对字体基线上升或下降且尺寸变小的文本。要为文本指定上标或下标，可单击"字符"面板中的"上标"按钮或"下标"按钮，如图 6-21 所示；或从"字符"面板菜单中选择"上标"或"下标"命令。

下标 —— X_1 X^2 —— 上标

图 6-21   下标与上标效果

★例 6.3：在"例 8.2"的基础上，设置路径文本"天道酬勤"文本格式。

（1） 应用"横排文字工具"，在路径文本上双击选择文本。

（2） 打开"选项"工具栏"字体系列"下拉列表框从中选择"楷体"选项，在"字体大小"文本框中输入数值 150，单位为"点"，得到如图 6-22 所示的文字效果。

（3） 单击"选项"工具栏中的"面板"按钮，打开"字符"面板。

（4） 在"字距微调"文本框中输入数值 90%，在"基线偏移"文本框中输入"15 点"，然后单击"下画线"按钮，如图 6-23 所示。

图 6-22   修改字体系列和大小

图 6-23   修改"字符"面板中的选项

（5） 应用"直接选择工具"，调整路径走向，得到如图 6-24 所示的效果。

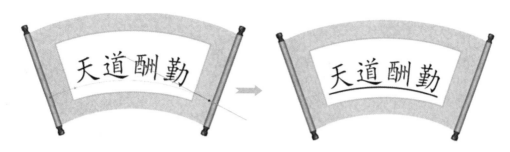

图 6-24　调整路径文本

（6）选择"文件"｜"存储为"命令，将其保存"文件名"为"创建路径文本 2"，"文件类型"为"Photoshop(*.PSD,*.PDD)"的图像。

❖6.3.4　设置行距与字距

行距是指从一行文字的基线到临行文字基线间的垂直距离。每个段落中可以存在多个行距值，但是文字行中的最大行距值决定该行的行距值。而字距是字符与字符之间的距离。

1.　设置行距

要设置行距值，应先选择要更改行距的字符，在"字符"面板中的"行距"文本框中设置行距值。默认选项为"自动"，最小值行距值为"6 点"，最大值行距值为"72 点"，如图 6-25 所示。

2.　字距调整与字距微调

字距调整主要用于放宽或收紧选定文本或整个文本块中字符之间的间距。要调整字距，应先选择要调整的字符范围或文字对象，在"字符"面板中的"字距调整"选项中设置字符间的间距，如图 6-26 所示。

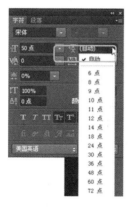

图 6-25　设置行距

图 6-26　调整字距

> **提示**
>
> 字距微调主要用于调整特定字符对之间的间距，一般情况下可用的选项有"度量标准"和"视觉"。

❖6.3.5　格式化段落

点文本每行即是一个单独的段落，而段落文本，一段可能由多行组成。选择段落后使用"段落"面板可以为文字图层中的单个段落、多个段落或全部段落设置格式。

选择"横排文字工具"或"直排文字工具"，在要设置格式的段落中单击，或选择整个段落，或选择"图层"面板中选择文字图层，然后执行以下任意操作调出"段落"面板，如图 6-27 所示。

（1）选择"窗口"｜"段落"命令，切换至"段落"选项卡。

（2）单击"选项"工具栏中的"面板"按钮，切换至"段落"选项卡。

图 6-27　"段落"面板

1.　对齐方式

选择要应用对齐方式的段落，单击"段落"面板中的对齐按钮，或单击"选项"栏中的对齐按钮，完成段落对齐设置，如图 6-28 所示。

| 左对齐 | 居中对齐 | 右对齐 |

图 6-28　段落对齐效果

横排文字的对齐方式包括 3 种：左对齐、居中对齐和右对齐。

（1）左对齐：文本将文字左对齐，段落右端参差不齐。

（2）居中对齐：文本将文字居中对齐，段落两端参差不齐。

（3）右对齐：文本将文字右对齐，段落左端参差不齐。

直排文字的对齐方式包括 3 种：顶对齐、居中对齐和右对齐。

（1）顶对齐：文本将文字顶对齐，段落底部参差不齐。

（2）居中对齐：文本将文字居中对齐，段落顶端和底部参差不齐。

（3）底对齐：文本将文字底对齐，段落顶部参差不齐。

提示

对齐方式中还包括两端对齐，该功能只适用于 Roman 字符，主要是用于设置段落最后一行文本的对齐方式：左对齐、居中对齐、右对齐、强制对齐（或顶对齐、居中对齐、底对齐或强制对齐）。

2.　段落缩进

段落缩进是指文字与文本框之间或与包含该文字的行之间的间距。常见的缩进分为 3 类：左缩进、右缩进和首行缩进，如图 6-29 所示。

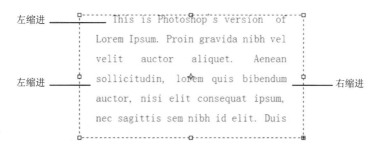

图 6-29　段落缩进

对于横排文字，左缩进从段落的左边缩进，右缩进从段落的右边缩进，首行缩进与左缩进有关缩进段落中的首行文字。对于直排文字，右缩进从段落顶端开始缩进，右缩进从段落底部开始缩进，首行缩进首行缩进与顶端缩进有关。值得注意的是：首行缩进中还有一种特殊的缩进方式，即悬挂缩进。

如果要设置为段落设置左缩进、右缩进和首行缩进，选择要设置缩进的段落，在"段落"面板中设置"左缩进"、"右缩进"或"首行缩进"的正值即可；如果要设置悬挂缩进，则应在"首行缩进"文本框中输入负值，如图 6-30 所示。

图 6-30　悬挂缩进

3.　段落间距

用户可以在段落前、后设置间距。选择要设置段前、段后间距的段落，或选择文字图层，在"段落"面板中的"段前间距"和"段后间距"文本框中输入间距值，如图 6-31 所示。

图 6-31　段落间距

★例 6.4：在"例 8.1"的基础上，设置文本段落格式。

（1）　单击"图层"面板中的文字图层，在"选项"工具栏中设置"字体系列：楷体"、"字体大小：65 点"，并调整文本框大小，得到如图 6-32 所示的效果。

（2）　选择"风吹稻花香"段落，单击"选项"工具栏中的"面板"按钮，切换至"段

"落"选项卡。

（3）在"左缩进"文本框中输入数值100，单位为"点"；在"段前添加空格"文本框中输入数值10，单位为"点"，得到如图6-33所示的效果。

图6-32　设置字符格式

图6-33　设置段落格式

（4）选择"文件"|"存储为"命令，将其保存为"文件名"为"创建文本2"，"文件类型"为"Photoshop(*.PSD,*.PDD)"的图像。

6.4　为文本设置特殊效果

除了为字符设置字体系列、字体大小、下画线、大小写、上标、下标，为段落设置缩进、对齐方式、段前段后间距等格式，Photoshop还提供了各种功能让用户为文本添加各种效果。例如变形文本、为文本添加投影、用图像填充文字等。

❖6.4.1　创建变形文本

Photoshop中集成了15种变形文字效果，应用这些文字变形创建特殊的文字效果，这些样式只是文字图层的一个属性，用户可以随时更改图层的变形样式以更改变形的整体形状。例如，可以使文字的形状变为扇形或波浪。

在为文本设置变形效果前首先要声明，不能为包含有"仿粗体"格式的文本设置变形，也不能为不包含轮廓数据的字体（如位图字体）的文字图层设置变形。

要设置变形文本，先选择文字图层，然后选择文字工具并单击"选项"工具栏中的"变形"按钮，或选择"文字"|"文字变形"命令，打开"变形文字"对话框。从"样式"弹出式菜单中选择一种变形样式，如图6-34所示。下方的选项会根据选择的样式进行变化，用户可再进行参数设置，完成设置单击"确定"按钮。

下面以"鱼"样式变形文字为例，介绍应用"样式"设置文字变形效果的方法。

图6-34　"变形文字"对话框

★例 6.5：在"例 8.3"的基础上，为文本设置"鱼"样式变形效果。

（1）　选择文本工具，在工作区域文字上单击。

（2）　单击"选项"工具栏中的"变形"按钮，打开"变形文字"对话框。

（3）　打开"样式"下拉列表框，从中选择"鱼"样式。

（4）　选择"水平"单选按钮，设置"弯曲"值为 50%，"水平扭曲"值为 30%，"垂直扭曲"值为 36%，如图 6-35 所示。

（5）　完成设置，单击"确定"按钮，得到如图 6-36 所示的效果。

图 6-35　"变形文字"对话框　　　　　　　　　　图 6-36　变形文字效果

（6）　选择"文件"｜"存储为"命令，将其保存为"文件名"为"变形文本"，"文件类型"为"Photoshop(*.PSD,*.PDD)"的图像。

> **提　示**　　要取消已经应用了变形文字的变形效果，可先选择文字图层，打开"变形文字"对话框，选择"样式"下拉列表框中的"无"选项，单击"确定"按钮即可。

❖6.4.2　为文本添加投影

为文本添加投影可以使文本具有立体效果。要为文本添加投影，先在"图层"面板中选择要为其添加投影的文本所在的图层，单击"图层"面板底部的"图层样式"按钮 fx，并从弹出的列表框中选择"投影"命令，打开"图层样式"对话框，如图 6-37 所示。

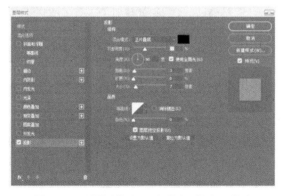

图 6-37　"图层样式"对话框"投影"样式

在"图层样式"对话框中用户可根据自己的喜好调整其中的设置，例如更改投影下方图层混合的方式、不透明度（显示下面各图层的程度）、光线的角度以及它与文字或对象的距离。得到满意结果后，单击"确定"按钮。

★例 6.6：在"例 8.3"的基础上，为文本设置添加投影效果。

（1） 选择"图层"面板中的文字图层。

（2） 单击"图层"面板底部的"图层样式"按钮，从弹出的列表框中选择"投影"命令，打开"图层样式"对话框显示"投影"样式。

（3） 设置"混合模式：正片叠底"、"不透明度：60%"、"角度：-135 度"、"距离：8像素"、"扩展：60 像素"、"大小：5 像素"，不选择"使用全局光"复选框。

（4） 完成设置，单击"确定"按钮，得到如图 6-38 所示的效果。

图 6-38   为文本添加投影效果

（5） 选择"文件"｜"存储为"命令，将其保存为"文件名"为"文本投影"，"文件类型"为"Photoshop(*.PSD,*.PDD)"的图像。

❖6.4.3   用图像填充文字

单一的文字颜色看起来总少了点什么，如果将图像的效果应用于文字感觉肯定不一样。Photoshop 通过将剪贴蒙版应用于"图层"面板中位于文字图层上方的图像图层，可以用图像填充文字。下面以实例的方式介绍用图像填充文字的方法。

★例 6.7：在"例 8.3"的基础上，为文本添加"006-2.jpg"图像填充效果。

（1） 选择"图层"面板中的文字图层，单击"新建图层"按钮在文字图层上方新建一个图层。

（2） 打开"素材"文件夹，将其中的"7-2.jpg"图像文件拖动至 Photoshop 工作区域中，如图 6-39 所示。

（3） 在插入图像上双击，选择"图层"面板中的"7-2"图层，右击从弹出的快捷菜单中选择"创建剪贴蒙版"命令，图像将出现在文本内部，如图 6-40 所示。

（4） 保持"7-2"图层选择状态，移至图像，可以调整填充效果。

（5） 选择"文件"｜"存储为"命令，将其保存"文件名"为"图像填充文本"，"文件类型"为"Photoshop(*.PSD,*.PDD)"的图像。

图 6-39　添加图像

图 6-40　为文本添加图像效果

6.5　创建文字形状

Photoshop 允许用户直接创建一个文字形状的选区，将文字字符转换为工作路径，将文字转换为形状。

❖6.5.1　创建文字选区边界

使用"横排文字蒙版"工具或"直排文字蒙版"工具，可以直接创建文字形状的选区。文字选区显示在现用图层上，可以像任何其他选区一样进行移动、拷贝、填充或描边。

要在普通的图像图层上而不是文字图层上创建文字选框，应先选择"横排文字蒙版工具"或"直排文字蒙版工具"，然后在工作区域内单击或拖动绘制文本框，在其中输入文本。

★例 6.8：打开"素材"文件夹中的"008-2.jpg"图像文件，为其添加"横排文字蒙版工具"，文本内容为"天道酬勤"。

（1）　选择"文件" | "打开"命令，打开"素材"文件夹中的"008-2.jpg"图像文件。

（2）　选择"工具"栏中的"横排文字蒙版工具"按钮。

（3）　在工作区域内单击，工作内容会显示一个红色的蒙版，输入义字"天道酬勤"，如图 6-41 所示。

（4）　单击"提交"按钮✔之后，文字选区边界将出现在当前图层图像中，如图 6-42 所示。

图 6-41　在红色蒙版上输入文字

图 6-42　选区出现在当前图像中

（5）　选择"文件" | "存储为"命令，将其保存"文件名"为"文字选区"，"文件类型"为"Photoshop(*.PSD,*.PDD)"的图像。

❖6.5.2　将字符转换为工作路径

将文字字符转换为工作路径，可以将这些文字字符用作矢量形状。工作路径是出现在"路径"面板中的临时路径，用于定义形状的轮廓。从文字图层创建工作路径之后，可以像处理任何其他路径一样对该路径进行存储和操作。但无法编辑已经转化为路径的文本；不过，原始文字图层将保持不变并可编辑。

要将字符转换为工作路径，应先选择文字图层，然后选择"文字"｜"创建工作路径"命令，或在图层上右击从弹出的快捷菜单中选择"创建工作路径"命令即可。

★例 6.8：将"例 8-1"文件中的文本转换为工作路径。

（1）选择"图层"面板中的文字图层。

（2）选择"文字"｜"创建工作路径"命令，得到如图 6-43 所示的效果。

（3）隐藏"图层"面板中的文字图层，看到新转换的工作路径，如图 6-44 所示。

（4）选择"文件"｜"存储为"命令，将其保存为"文件名"为"字符工作路径"，"文件类型"为"Photoshop(*.PSD,*.PDD)"的图像。

图 6-43　转换为工作路径后的效果　　　　图 6-44　字符工作路径

❖6.5.3　将文字转换为形状

在将文字转换为形状时，文字图层被替换为具有矢量蒙版的图层。用户可以编辑矢量蒙版并对图层应用样式，但无法在图层中将字符作为文本进行编辑。

选择文字图层，然后选择"文字"｜"转换为形状"命令，或在图层上右击从弹出的快捷菜单中选择"转换为形状"命令，即可将文字转换为形状。

Photoshop 允许用户栅格化文字，选择文字图层，然后选择"图层"｜"栅格化"｜"文字"命令，可将文字图层转换为图像图层。栅格化后的文字不再具有矢量轮廓，并且再不能作为文字进行编辑。

6.6　典型实例——秋意

打开"素材"文件夹中的 008-3.jpg 图形文件，向其中添加文本"秋"、"长恨歌"和长恨歌最后两句，得到如图 6-45 所示的效果。

图 6-45　添加文本后的最终效果

1. 输入点文本

（1）选择"文件"｜"打开"命令，打开"素材"文件夹中的"008-3.jpg"图像。

（2）选择"工具"栏中的"横排文字工具"，单击"选项"工具栏中的"面板"按钮，打开"字符"面板。

（3）设置"字体系列：楷体"、"字体大小：120 点"、"水平缩放：60%"、"基线偏移：15 点"、"颜色：#784615"。

（4）完成设置，在画卷上单击，输入中文"秋"，如图 6-46 所示。

2. 设置点文本样式

（1）单击"选项"工具栏中的"变形"按钮，打开"变形文字"对话框。

（2）打开"样式"下拉列表框，从中选择"旗帜"样式。

（3）选择"垂直"单选按钮，设置"弯曲"值为-11%，"水平扭曲"值为 10%，"垂直扭曲"值为 40%。

（4）完成设置，单击"确定"按钮，得到如图 6-47 所示的效果。

（5）打开"字符"面板中的菜单，从中选择"仿斜体"选项。

图 6-46　输入点文本

图 6-47　设置"旗帜"样式

3. 输入并设置段落文本

（1）选择"工具"栏中的"直排文字工具"，在左下角拖动出一个文本框。

（2）在"字符"面板中设置"字体系列：黑体"、"字体大小：40 点"、"水平缩放：100%"、"基线偏移：0 点"、"颜色：#000000"。

（3） 在其中输入"长恨歌"最后两句及作者名称，每行文字各占一段，得到如图 6-48 所示的效果。

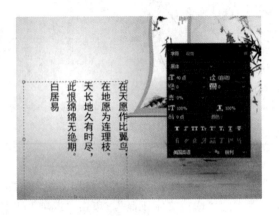

图 6-48　输入段落文本

（4） 确认插入点位于作者行，切换至"段落"选项卡，单击"底对齐"按钮，并设置 "段前间距：30 点"，得到如图 6-49 所示的效果。

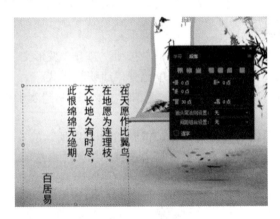

图 6-49　设置文本样式

4. 为文本设置多重效果

（1） 选择"工具"栏中的"直排文字工具"，在左上角拖动出一个文本框。

（2） 在"字符"面板中设置"字体系列：楷体"、"字体大小：70 点"、"水平缩放：100%"、 "基线偏移：0 点"、"颜色：#883805"。

（3） 在其中输入"长恨歌"，将"恨"字字体大小设置为"120 点"。

（4） 单击"选项"工具栏中的"变形"按钮，打开"变形文字"对话框。

（5） 打开"样式"下拉列表框，从中选择"扇形"样式。

（6） 选择"水平"单选按钮，设置"弯曲"值为 40%，"水平扭曲"值为 0%，"垂直 扭曲"值为-20%。

（7） 完成设置，单击"确定"按钮，得到如图 6-50 所示的效果。

图 6-50　设置变形设置

（8）　单击"图层"面板中的"投影"按钮，打开"图层样式"面板"投影"样式。

（9）　设置"混合模式：变暗"、"不透明度：40%"、"角度：60 度"、"距离：8 像素"、"扩展：60"、"大小：5 像素"。

（10）　完成设置，单击"确定"按钮，得到如图 6-51 所示的效果。

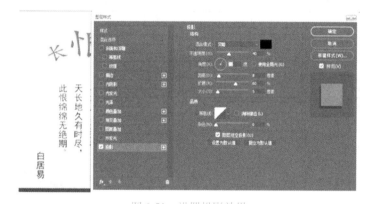

图 6-51　设置投影效果

（11）　选择"图层"面板中的当前图层，设置"不透明度"值为 70%，得到如图 6-52 所示的效果。

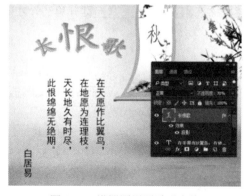

图 6-52　设置图层不透明度值

（12） 选择"文件"｜"存储为"命令，将其保存为"文件名"为"第8章典型实例终效图"，"文件类型"为"Photoshop(*.PSD,*.PDD)"的图像。

6.7　本章小结

本章主要介绍了文本的创建与设置，内容包括文本输入与格式化的基本知识，文字变形与设置特殊效果的方法，以及为文字创建选区、工作路径及形状的方法。通过本章的学习，读者应了解如何创建文本，并掌握图像设置文本及添加特效的各种方法与技巧。

6.8　习　　题

❖6.8.1　填空题

（1） Photoshop 中内置的普通文字工具分为：＿＿＿＿＿＿＿＿＿＿＿＿＿＿＿。

（2） 单击"选项"工具栏中的＿＿＿＿＿＿按钮，可将水平文本转换为垂直文本。

（3） 根据文本创建方式的不同，可将文本分为＿＿＿＿＿、＿＿＿＿和＿＿＿＿ 3 类。

（4） 选择文字图层右击，从弹出的快捷菜单中选择＿＿＿＿＿＿＿＿命令，即可将文字转换为形状。

（5） 用图像填充文字时，应在＿＿＿＿＿图层上右击，从弹出的快捷菜单中选择"创建剪贴蒙版"命令。

❖6.8.2　选择题

（1） 关于退出文本编辑，下列说法不正确的是＿＿＿＿。

    A. 单击"提交"按钮

    B. 按数字键盘上的 Enter 键

    C. 按 Shift+Enter 组合键

    D. 选择"工具"栏中任意工具

（2） 要用单击法创建段落文本，应按＿＿＿＿键并单击，才能弹出"段落文本大小"对话框。

    A. Alt   B. Esc

    C. Enter   D. Shift

（3） 在调整文本框大小时，如果要从中心点开始缩放文本框大小，应按住＿＿＿＿键拖动文本框 4 个角的控制手柄。

    A. Shift   B. Alt

    C. Ctrl   D. Shift+Alt

（4） 用图像填充文字时，对于图像图层的要求下列说法正确的是＿＿＿＿。

    A. 图像图层必须是普通图层   B. 对图像图层没有要求

    C. 图像图像必须位于文字图层下方   D. 图像图层必须是锁定图层

（5）　关于直排文字中的"下画线"下列说法正确的是＿＿＿＿＿。

　　A. 单击"字符"面板中的"下画线"按钮，可在文字下方添加下画线

　　B. 单击"段落"面板中的"下画线"按钮，可为文字添加下画线

　　C. 单击"字符"面板中的"下画线"按钮，可在文字右侧添加下画线

　　D. 单击"字符"面板中的"下画线"按钮，可在文字左侧添加下画线

❖6.8.3　简答题

（1）　如何创建沿开放路径排列的文本？

（2）　如何设置字符的上标、下标？

（3）　如何设置段前段后间距？

❖6.8.4　上机实践

（1）　制作个人简历封面。

（2）　打开"素材"文件夹中的图像"008-2.jpg"，向其中添加带标题的直排文本，并为文本设置格式。

第 7 章

使 用 颜 色

教学目标：

色彩是无所不在的，尤其是在图像设计的过程中，色彩可以说是一种无声的语言，不但可以使图像变得绚丽多彩，而且可以表达一定的意境，如灰色会使人有一种失落感，而红色可以使人振奋、绿色可以使人平静等。本章即介绍颜色的运用，内容包括颜色的基本常识，设置颜色的方法，填充与描边工具的使用，以及混合器画笔、历史记录画笔等工具的使用等。通过本章的学习，读者应了解颜色的运用技巧，并能够使用各种颜色工具设计出色彩缤纷的图像作品。

教学重点与难点：

1. 颜色的设置。
2. 渐变色的设置。
3. 填充与描边。

7.1 关于颜色

在运用颜色设计图像作品之前,我们有必要先来了解一下与颜色有关的术语及基本知识,这将对我们以后创建颜色和将颜色相互关联有很大的帮助,使我们可以有目的地运用颜色,而不是偶然地获得某种结果。

❖7.1.1 原色和色轮

"原色"和"色轮"是颜色运用中两个重要的术语。通过将原色混合,可以得到千变万化的颜色,而色轮则是一个基本的颜色标准,我们可以通过它来预测一个颜色分量中的更改如何影响其他颜色。

1. 原色

原色可分为加色原色和减色原色。加色原色是指红色(R)、绿色(G)和蓝色(B)三种色光,当按照不同的组合将这三种色光添加在一起时,可以生成可见色谱中的所有颜色,如图 7-1 所示。添加等量的红色、蓝色和绿色光可以生成白色。完全缺少红色、蓝色和绿色光将导致生成黑色。计算机的显示器是使用加色原色来创建颜色的设备。

减色原色是指一些颜料,包括青色(C)、洋红色(M)、黄色(Y)和黑色(K)颜料。当按照不同的组合将这些颜料添加在一起时,可以创建一个色谱,如图 7-2 所示。

图 7-1 加色(RGB)

图 7-2 减色(CMYK)

使用"减色"这个术语是因为这些原色都是纯色,将它们混合在一起后生成的颜色都是原色的不纯版本。例如,橙色是通过将洋红色和黄色进行减色混合创建的。与显示器不同,打印机使用减色原色并通过减色混合来生成颜色。

2. 色轮

如果用户是第一次调整颜色分量,在处理色彩平衡时手头有一个标准色轮图表会很有帮助,如图 7-3 所示。

用户不但可以使用色轮来预测一个颜色分量中的更改如何影响其他颜色,而且可以了解这些更改如何在 RGB 和 CMYK 颜色模型之间转换。例如,通过增加色轮中相反颜色的数量,可以减少图像中某一颜色的数量,

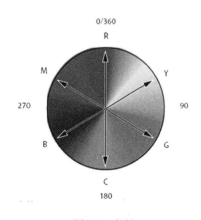

图 7-3 色轮

137

反之亦然。

在标准色轮上，处于相对位置的颜色被称作补色。同样，通过调整色轮中两个相邻的颜色，甚至将两个相邻的色彩调整为其相反的颜色，可以增加或减少一种颜色。

在 CMYK 图像中，可以通过减少洋红色数量或增加其互补色的数量来减淡洋红色，洋红色的互补色为绿色（在色轮上位于洋红色的相对位置）。在 RGB 图像中，可以通过删除红色和蓝色或通过添加绿色来减少洋红。所有这些调整都会得到一个包含较少洋红的整体色彩平衡。

❖7.1.2　颜色模型、色彩空间和颜色模式

颜色模型是指某个三维颜色空间中的一个可见光子集，它包含某个颜色域的所有颜色，如 RGB、CMYK、HSB 等。颜色模型用于描述我们在数字图像中看到和使用的颜色，每种颜色模型分别表示用于描述颜色的不同方法（通常是数字）。

色彩空间是另一种形式的颜色模型，它有特定的色域（范围）。例如，RGB 颜色模型中包含许多色彩空间：Adobe RGB、sRRGB 和 ProPhoto RGB 等。

每台设备（如显示器或打印机）都有自己的色彩空间，并只能重新生成其色域内的颜色。将图像从某台设备移至另一台设备时，因为每台设备按照自己的色彩空间解释 RGB 或 CMYK 值，所以图像颜色可能会发生变化。可以在移动图像时使用色彩管理，以确保大多数颜色相同或很相似，从而使这些图像的外观保持一致。

在 Photoshop 中，文档的颜色模式决定了用于显示和打印所处理的图像的颜色模型。Photoshop 的颜色模式基于颜色模型，而颜色模型对于印刷中使用的图像非常有用。用户可以选择以下颜色模式：RGB；CMYK；Lab 颜色和灰度。Photoshop 还包括用于特殊色彩输出的颜色模式，如索引颜色和双色调。颜色模式决定图像的颜色数量、通道数量以及文件大小。选择的颜色模式还决定可用的工具和文件格式。选择"图像"|"模式"子菜单中的命令可更改颜色模式。

处理图像中的颜色时，将会调整文件中的数值。可以简单地将一个数字视为一种颜色，但这些数值本身并不是绝对的颜色，而只是在生成颜色的设备的色彩空间内具备一定的颜色含义。

❖7.1.3　色相、饱合度和亮度

HSB 模型以人类对颜色的感觉为基础，描述了颜色的 3 种基本特性：色相；饱合度；亮度，如图7-4 所示。

色相（H）是指反射自物体或投射自物体的颜色。在 0 到 360 度的标准色轮上，按位置度量色相。在通常的使用中，色相由颜色名称标识，如红色、橙色或绿色。

饱和度（S）是指颜色的强度或纯度（有时称为色度）。饱和度表示色相中灰色分量所占的比例，它使用从 0%（灰色）至 100%（完全饱和）的百分比来度量。在标准色轮上，饱和度从中心到边缘递增。

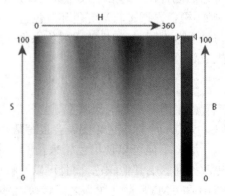

图 7-4　HSB 模型

亮度（B）是颜色的相对明暗程度，通常使用从 0%（黑色）至 100%（白色）的百分比来度量。

7.2　设置颜色

Photoshop 提供了多种设置颜色的工具，如拾色器、吸管工具、"颜色"面板、"色板"面板等。用户可以使用这些工具来分别设置图像的前景色和背景色。

❖7.2.1　前景色与背景色

Photoshop 使用前景色来绘画、填充和描边选区；使用背景色来生成渐变填充和在图像已抹除的区域中填充。一些特殊效果学龄儿童也使用前景色和背景色。

默认的前景色是黑色，默认的背景色是白色。当前的前景色显示在工具栏上颜色选择区域的"前景色"颜色控件上，当前的背景色显示在"背景色"颜色控件上，如图 7-5 所示。

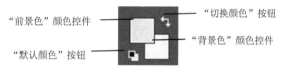

"前景色"颜色控件　　"切换颜色"按钮
"背景色"颜色控件
"默认颜色"按钮

图 7-5　工具栏上的颜色控件

> **提 示**
>
> 在 Alpha 通道中，默认的前景色是白色，默认的背景色是黑色。

使用工具栏上的颜色工具设置前景色和背景色的方法如下：

（1）更改前景色：单击工具栏上的"前景色"颜色控件，打开拾色器选择一种颜色。

（2）更改背景色：单击工具栏上的"背景色"颜色控件，打开拾色器选择一种颜色。

（3）反转前景色和背景色：单击工具栏上的"切换颜色"图标。

（4）恢复默认前景色和背景色：单击工具栏上的"默认颜色"图标。

❖7.2.2　用拾色器设置颜色

在 Adobe 拾色器中，可以使用 4 种颜色模型来选择颜色：HSB、RGB、Lab 和 CMYK。使用 Adobe 拾色器可以设置前景色、背景色和文本颜色，也可以为不同的工具、命令和选项设置目标颜色。

1．显示拾色器

除了在工具栏上单击"前景色"或"背景色"颜色控件时会显示拾色器外，在"颜色"面板中单击"设置前景色"或"设置背景色"颜色控件也会显示拾色器。此外，当某些功能可以让用户选择颜色时，也可以使用拾色器，例如，通过单击一些工具的选项工具栏中的色板，或者通过单击一些颜色调整对话框中的吸管工具时也可以使用。

2. 使用拾色器选择颜色

在 Adobe 拾色器中，可以通过在 HSB、RGB 和 Lab 文本框中输入颜色分量值或使用颜色滑块和色域来选择颜色。在拾色器中选择颜色时，会同时显示 HSB、RGB、Lab、CMYK 和十六进制数的数值，这对于查看各种颜色模型描述颜色的方式非常有用，如图 7-6 所示。

图 7-6　Adobe 拾色器

> **提　示**
>
> 虽然在默认情况下，Photoshop 使用的是 Adobe 拾色器，但是用户可以通过设置首选项来使用非 Adobe 拾色器，例如可以使用计算机操作系统内置拾色器或者第三方增效工具拾色器。

可以对 Adobe 拾色器进行配置，以便只选择 Web 安全颜色调板中的颜色，或者从特定颜色系统中选择颜色。Adobe 拾色器中的色域显示 HSB 颜色模式、RGB 颜色模式和 Lab 颜色模式中的颜色分量，如果用户知道所需颜色的数值，可以在文本字段中输入该数值。也可以使用颜色滑块和色域来预览要选择的颜色。

若要使用颜色滑块和色域来选择颜色，可在颜色滑块中单击或移动颜色滑块三角形，以设置一个颜色分量，然后移动圆形标记在色域中单击。这将设置其他两个颜色分量。

在使用色域和颜色滑块调整颜色时，不同颜色模型的数值会相应地进行调整。颜色滑块右侧的矩形区域中的上半部分将显示新的颜色，下半部分将显示原始颜色。如果颜色不是 Web 安全颜色或者颜色是色域之外的颜色（即不可打印的颜色），将会出现警告信息。

❖7.2.3　用吸管工具拾取颜色

使用吸管工具 🖊 可以从现用图像或屏幕上的任何位置采集色样，以指定新的前景色背景色。

在工具栏中单击"吸管工具"按钮 🖊，选择吸管工具，然后在选项工具栏中的"取样大小"下拉列表框中选择一个选项以更改吸管的取样大小，在"样本"下拉列表框中选择要从哪个图层上取样，如图 7-7 所示。

图 7-7　吸管工具的选项工具栏

要使用可在当前前景色上预览取样颜色的圆环来圈住吸管工具，可选中"显示取样环"复选框。此选项需要启用 OpenGL。

设置完毕后，若要选择新的前景色，可在图像内单击，或者将指针放置在图像上，按下鼠标左键在屏幕上随意拖动。前景色选择框会随着拖动不断变化。释放鼠标键，即可拾取新的颜色。若要选择新的背景色，可按住 Alt 键并在图像内单击，或者将指针放置在图像上，按住 Alt 键在屏幕的任何位置拖动指针，背景色选择框会随着拖动不断变化。释放鼠标键即可拾取新的颜色。

❖7.2.4　用"颜色"面板调整颜色

"颜色"面板中显示当前前景色和背景色的颜色值，如图 7-8 所示。使用"颜色"面板中的滑块可以利用几种不同的颜色模型来编辑前景色和背景色。也可以从显示在面板底部的四色曲线图中的色谱中选取前景色或背景色。

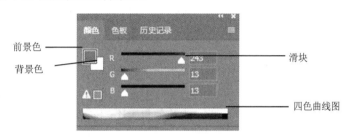

图 7-8　"颜色"面板

要使用"颜色"面板来更改图像的颜色，可先在"颜色"面板中单击前景色或背景色使其成为现用状态（边框变为黑色），然后执行以下操作之一：

（1）拖动颜色滑块。默认情况下，滑块的颜色会随着用户的拖动而改变。可以关闭此功能来改善性能，方法是在"首选项"对话框的"常规"选项卡中取消选择"动态颜色滑块"复选框。

（2）在颜色滑块旁边输入值。

（3）单击颜色控件，打开拾色器，选择一种颜色，然后单击"确定"按钮。

（4）将指针放在四色曲线图上，当指针形状变成吸管状时，单击即可采集色样。按住 Alt 键单击可将样本应用于非现用颜色的颜色控件。

当"颜色"面板中的背景色控件处于现用状态时，吸管工具默认情况下会更改背景色。

在选择颜色时，"颜色"面板中可能会显示一些警告信息，例如，当选择不能使用 CMYK 油墨打印的颜色时，四色曲线图左上方将出现一个内含惊叹号的三角形⚠；当选择的颜色不是 Web 安全色时，四色曲线图左上方将出现一个六边形⬡。

❖7.2.5 用"色板"面板设置颜色

"色板"面板可存储用户经常使用的颜色。用户可以在"色板"面板中添加或删除颜色，或者为不同的项目显示不同的颜色库。

在"色板"面板中单击某个颜色，可以设置前景色；若按住 Ctrl 键单击某个颜色，则可设置背景色。

提 示　通过从"色板"面板的选项菜单中选择相应的选项，可以更改色板的显示方式。

7.3　设置渐变色

色彩渐变是从某一种或多种颜色过渡到另一种或多种颜色。渐变色是图像设计中经常使用到的色彩效果。可以使用工具栏中的渐变工具来设置渐变色。

❖7.3.1 渐变色的种类

根据渐变的起点和终点的不同，Photoshop 把渐变色分为线性渐变、径向渐变、角度渐变、对称渐变和菱形渐变 5 种。这些渐变方式的效果大不相同。

1.　线性渐变

线性渐变是指以直线的一端为起点，渐变到另一端的终点，颜色按直线的方式逐渐变化过渡，如图 7-9 所示。

2.　径向渐变

径向渐变是指将起点作为圆心，起点到终点的距离为半径，将颜色以圆形分布。半径之外的部分用终点色填充。颜色在每条半径方向上各不相同，但在每个同心圆的圆弧方向上相同，如图 7-10 所示。

图 7-9　线性渐变

图 7-10　径向渐变

3. 角度渐变

角度渐变也被称为发射形渐变，是指从起点到终点的颜色按顺时针方向做扇形渐变，如图 7-11 所示。

4. 对称渐变

对称渐变是指从起点出发，同时向相反的两个方向逐渐发生变化，可以理解为两个方向相反的径向渐变合并在一起，如图 7-12 所示。

图 7-11 线性渐变

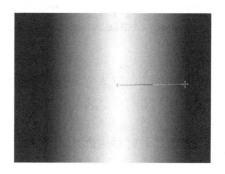

图 7-12 径向渐变

对称渐变的特点是：起点位于渐变的中央位置，渐变的颜色向相反的两个方向伸展，在离起点相同的地方两者颜色完全相同。在两端的终点之外由终点色填充剩余区域。由于这个特点，在使用对称渐变时要注意留下足够的空间给另外一侧的渐变色。

5. 菱形渐变

菱形渐变是指从起点到中心处由内而外颜色进行方形渐变，如图 7-13 所示。

图 7-13 菱形渐变

❖7.3.2 渐变工具的使用

渐变工具和油漆桶工具集成在工具栏上的"渐变工具/油漆桶工具"按钮组中，如果当前显示"渐变工具"按钮，单击该按钮即可选中渐变工具；如果当前显示的是"油漆桶工具"按钮，则可按下该按钮，从弹出菜单中选择"渐变工具"命令，以选择渐变工具。

> **注意**
>
> 渐变工具不能用于位图、索引颜色或每通道 16 位模式的图像。

选择渐变工具后，文档窗口上方的选项工具栏中会显示渐变工具的相关选项，在此用户可以设置渐变的内置样式、渐变方向、混合模式、不透明度等，如图 7-14 所示。

图 7-14　渐变工具的选项工具栏

要为图像应用渐变填色，首先应在图像中创建选区，再在渐变工具的选项工具栏中选择渐变样式、渐变方向以及其他参数，然后在图像窗口中按下鼠标左键拖动指针，即可应用渐变填色。

使用渐变工具时要注意以下一些事项：

（1）　渐变是有大小区别的，在创建渐变时，拖拉的线条长度代表了颜色渐变的缓急。拖拉的线条长，渐变颜色的过渡较缓；拖拉的线条短，渐变颜色的过渡较急。

（2）　除非有选区或蒙版存在，否则不管拖拉的线条是否充满了画面，渐变一定是充满整个画面的。

（3）　定义渐变的线条代表颜色从起点色到终色的变化范围，在这个范围之前和之后，都将以单色填补。起点之前的颜色由起点色填补；终点之后的颜色由终点色填补。

（4）　渐变具有方向性，向不同的方向拖拉渐变线条时，会产生不同的颜色分布。例如，设定起点色为黄色，终点色为红色，当从左到右拖拉渐变线条时，产生左黄右红的效果；反之，当从右到左拖拉渐变线条时，则产生左红右黄的效果，如图 7-15 所示。

从左向右拖拉渐变线条时的效果

从右向左拖拉渐变线条时的效果

图 7-15　向不同方向拖拉渐变线条时的效果对比

★例 7.1：利用渐变工具制作球体，如图 7-16 所示。

（1）　新建一个默认 Photoshop 大小的文档。

（2）　选择椭圆工具，按住 Shift 键在画布中拖动，绘制一个正圆形。

（3）　选择绘制正圆形时自动创建的"椭圆 1"图层。

（4）　选择"图层"|"栅格化"|"填充内容"命令。此时"图层"面板中会显示蒙版和当前填充区域的填充颜色，如图 7-17 所示。

图 7-16 球体

图 7-17 "图层"面板

（5）在"颜色"面板中单击"前景色"颜色控件，在"R"、"G"、"B"文本框中分别输入"255"，得到白色，如图 7-18 所示。

（6）在"颜色"面板中单击"背景色"颜色控件，在"R"、"G"、"B"文本框中分别输入"255"、"0"、"0"，得到红色。

（7）选择渐变工具，在选项工具栏中单击"径向渐变"按钮。

（8）在圆形中从左上至右下拖动渐变线，填充渐变色，如图 7-19 所示。

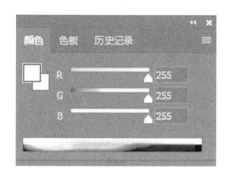

图 7-18 指定前景色

图 7-19 拖动渐变线

❖7.3.3 创建杂色渐变

杂色渐变是指在指定的色彩范围内随机挑选色彩，从而构成多色渐变，如图 7-20 所示。杂色渐变较难控制,但其所产生的丰富色彩却是实色渐变所望尘莫及的。在设置杂色渐变时,不能手动设定色标和不透明度标。

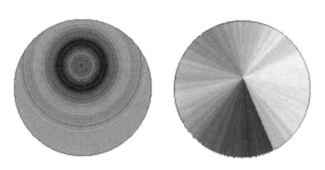

图 7-20 多色渐变示例

要设置杂色渐变，应在选择渐变工具后，单击选项工具栏上的渐变样式图标，打开"渐变编辑器"对话框，如图 7-21 所示。（注意不是右边的三角形按钮，单击三角形按钮会弹出"渐变样式"下拉列表框。）

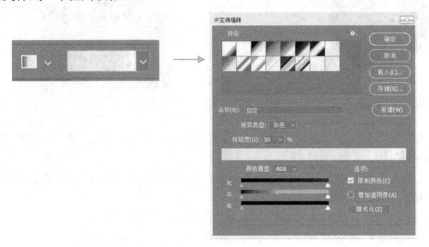

图 7-21   打开"渐变编辑器"对话框

在"渐变编辑器"对话框的"渐变类型"下拉列表框中选择"杂色"选项，即可应用杂色渐变。如果需要，还可在该对话框中设置其他选项，如粗糙度、颜色模型等。

"渐变编辑器"对话框中选项的功能说明如下。

（1） "预设"：用于选择 Photoshop 预设的渐变样式。

（2） "名称"：如果要存储新的渐变样式，可输入新样式的名称。

（3） "粗糙度"：用于控制渐变颜色之间的柔和度。设置为 100%时各种色彩之间最为锐利。

（4） "颜色模型"：用于指定色彩随机的范围。可在下拉列表框中选择颜色模型，然后拖动下面的滑块以更改色彩范围。

（5） "限制颜色"：用于防止颜色过于饱和。选中此选项后，渐变条中较为亮丽的颜色将变得暗淡。

（6） "增加透明度"：用于为渐变条随机添加透明度。

（7） "随机化"：用于在指定的颜色范围内随机产生渐变条。

（8） "载入"：用于载入保存在计算机中的其他渐变文件，将其作为 Photoshop 预设的渐变样式。

（9） "存储"：用于保存编辑后的渐变样式。

7.4   填充与描边

油漆桶是另一个重要的填色工具，当在工具栏、"颜色"面板或"色板"面板中采集了色样后，可以使用油漆桶工具或者"填充"命令为文档中的图像或图像区域填充色彩。

❖7.4.1　使用油漆桶填充色彩

要使用油漆桶填充色彩，首先应指定要使用的颜色，然后在工具栏中单击"油漆桶工具"按钮 以选择油漆桶工具。如果当前没有显示"油漆桶工具"按钮，可按下"渐变工具"按钮 ，从弹出的菜单中选择"油漆桶工具"命令。

选择油漆桶工具后，鼠标指针会变成桶状。单击要填充的区域，即可应用指定颜色。

★例 7.2：利用油漆桶工具更改图像背景色，如图 7-22 所示。

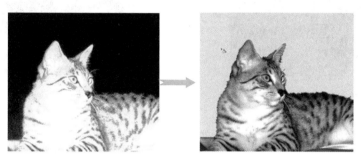

图 7-22　更改图像背景色

（1）打开图像文件"4.jpg"，使用魔棒工具选择除猫之外的背景色。

（2）双击"颜色"面板中的"前景色"颜色控件，打开"拾色器（前景色）"对话框，在颜色滑块中单击绿色，然后在调色板中单击想要的颜色，如图 7-23 所示。

（3）单击"确定"按钮。

（4）在工具栏上选择油漆桶工具，然后在选区中单击，填充所有选中的背景区域，如图 7-24 所示。

图 7-23　选择前景色

图 7-24　用油漆桶填充选区

（5）选择"选择"|"取消选择"命令，取消对选区的选择。

❖7.4.2　使用"填充"命令填充色彩

使用"填充"命令可以使填充区域的色彩更加丰富多彩。使用该命令不但可以进行单色填充，还能进行图案填充，或者让 Photoshop 自动识别要填充的色彩。

选择要填充的项目后，选择"编辑"|"填充"命令，打开"填充"对话框，在"内容"选项组中的"使用"下拉列表框中选择要使用的颜色，如图 7-25 所示。如果选择了"图案"，

将会激活"自定图案"选项和"脚本图案"选项组，用户可在"自定图案"或"脚本"下拉列表框中选择图案，或者单击"自定图案"列表框右侧的选项菜单图标 ⚙️，从弹出菜单中选择其他图案，或者选择"载入图案"命令，打开"载入"对话框，从计算机中选择已保存的图案。只能载入 PAT 格式的图像文件。

图 7-25 "填充"对话框

图 7-26 选择图案内容后的"填充"对话框

★例 7.3：为图像应用 Photoshop 预置的图案背景，如图 7-27 所示。

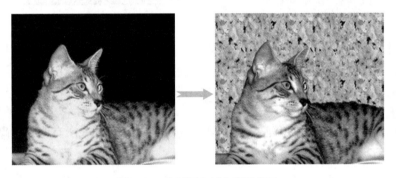

图 7-27 使用图案填充图像背景

（1）打开图像文件"4.jpg"，使用魔棒工具选择除猫之外的背景色。

（2）选择"编辑"|"填充"命令，打开"填充"对话框，在"使用"下拉列表框中选择"图案"选项。

（3）在"自定图案"下拉列表框中选择要使用的图案，如图 7-28 所示。

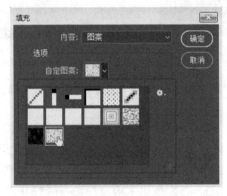

图 7-28 选择图案

（5）单击"确定"按钮，填充图案。

（6）选择"选择"|"取消选择"命令，取消对选区的选择。

❖7.4.3 描边

描边是指为选区添加轮廓，以使其更加鲜明。选择要进行描边的对象或者选区后，选择"编辑"|"描边"命令，打开"描边"对话框，从中选择轮廓的宽度、颜色、位置等选项，然后单击"确定"按钮，如图 7-29 所示。

★例 7.4：通过对文字描边使其具有艺术效果，如图 7-30 所示。

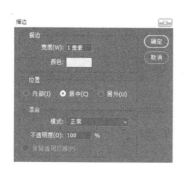

图 7-29　"描边"对话框

图 7-30　描边文字

（1）新建一个文档，选择横排文本工具。

（2）在"色板"面板中选择黄色，如图 7-31 所示。

（3）在画布上单击创建文本块，并输入"文字"。

（4）选择"图层"|"栅格化"|"文字"命令。

（5）选择"编辑"|"描边"命令，打开"描边"对话框。

（6）在"描边"选项组中的"宽度"文本框中输入"2 像素"。

（7）单击"颜色"控件，从弹出的拾色器中选择红色。

（8）在"位置"选项组中选择"居外"单选按钮，如图 7-32 所示。

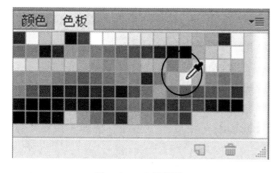

图 7-31　选择颜色

图 7-32　设置描边选项

（9）单击"确定"按钮。

7.5 混合器画笔工具

混合器画笔可以模拟真实的绘画技术,如混合画布上的颜色、组合画笔上的颜色,以及在描边过程中使用不同的绘画湿度。混合器画笔有两个绘画色管:储槽和拾取器。储槽用于存储最终应用于画布的颜色,并且有较多的油彩容量;拾取器用于接收来自画布的油彩,其内容与画布颜色是连续混合的。

❖7.5.1 使用混合器画笔绘画

混合器画笔工具 ✔ 与画笔工具、铅笔工具、颜色替换工具和混合器画笔工具一起集成在工具栏中,如果当前没有显示混合器画笔工具,可在工具栏中单击其他画笔工具按钮,从弹出菜单中选择"混合器画笔工具"命令,以选中混合器画笔工具,如图 7-33 所示。

若要将油彩载入储槽,可按住 Alt 键单击画布,或者选择一种前景色。然后,在选项工具栏中设置工具选项,并从"画笔预设"面板中选择画笔。设置完成后,在图像中拖动指针即可绘画,如图 7-34 所示。若要绘制直线,可在图像中单击起点,然后按住 Shift 键单击终点。在将画笔工具用作喷枪时,按住鼠标键不拖动可增大颜色量。

图 7-33 画笔工具弹出菜单

图 7-34 使用混合器画笔工具绘画

❖7.5.2 混合器画笔的选项设置

在混合器画笔工具的选项工具栏中,有一些混合器画笔所特有的选项,如图 7-35 所示。正确设置这些选项有助于用户使用混合器画笔设计出更加出色的作品。

图 7-35 混合器画笔的选项工具栏

下面简单介绍一下混合器画笔选项工具栏上各主要选项的功能。

(1)"当前画笔载入色板" ▇:用于选择画笔颜色。单击右面的下三角按钮,从弹出菜单中选择"载入画笔"命令,可使用储槽颜色填充画笔。如果要移动画笔中的油彩,可选择"清理画笔"命令。若要在每次描边后执行这些任务,可单击"当前画笔载入色板"选项右面的"自动载入"按钮 ✔ 或"清理"按钮 ✘。

(2)"预设" 自定 :用于设置预设的画笔模式。可应用流行的"潮湿"、"载入"和"混合"等模式设置组合模式。

(3)"潮湿":用于控制画笔从画布拾取的油彩量。较高的设置会产生较长的绘画条痕,如图 7-36 所示。

图 7-36　潮湿度为 0%（左）和 100%（右）时绘制的线条

（4）"载入"：用于指定储槽中载入的油彩量。载入速率较低时，绘画描边干燥的速度会更快。

（5）"混合"：用于控制画布油彩量同储槽油彩量的比例。比例为 100% 时，所有油彩将从画布中拾取；比例为 0% 时，所有油彩都来自储槽。不过"潮湿"设置仍然会决定油彩在画布上的混合方式。

（6）"对所有图层取样"：用于拾取所有可见图层中的画布颜色。

7.6　典型实例——透明钮扣

使用渐变工具制作一个透明纽扣图案，如图 7-37 所示。

本实例将涉及到以下内容：

- 设置前景色和背景色。
- 用拾色器设置颜色。
- 渐变工具的使用。

1.　新建图像文档

（1）选择"文件"|"新建"命令，打开"新建"对话框。

（2）在"宽度"和"高度"文本框中分别输入 200，单位为像素，如图 7-38 所示。

图 7-37　透明钮扣

（3）单击"确定"按钮完成文件的创建。

2.　设置前景色和背景色

（1）选择椭圆选框工具，按住 Shift 键在画布上拖动，绘制一个正圆。

（2）单击工具栏上的"默认前景色和背景色"按钮，应用黑色前景色和白色背景色。

（3）单击"前景色"颜色控件，打开拾色器，设置 R、G、B 的数值均为 153，如图 7-39 所示。

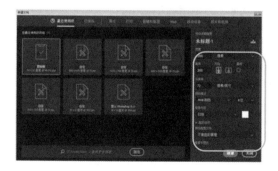

图 7-38　新建文档

图 7-39　设置前景色

（4）　单击"确定"按钮应用新背景色。

3.　设置渐变工具

（1）　选择渐变工具，在选项工具栏中打开渐变样式下拉面板，选择"前景色到背景色渐变"图标，如图 7-40 所示。

（2）　在选项工具栏上选择"模式"下拉列表框中的"正常"选项。

（3）　在"不透明度"文本框中输入"100%"。

（4）　选中"仿色"和"透明区域"复选框。

（5）　单击"线性渐变"按钮。

4.　填充渐变色

（1）　在"图层"面板中创建一个新图层。

（2）　在正圆形选区内从上到下拖动鼠标指针，为选区填充渐变色，如图 7-41 所示。

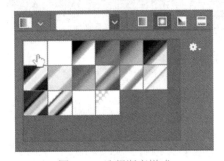

图 7-40　选择渐变样式

图 7-41　填充渐变色

5.　设置图层样式

（1）　选择"选择"|"取消选择"命令，取消对选区的选择。

（2）　在"图层"面板中双击图层 1，打开"图层样式"对话框，在左侧列表框中单击"投影"选项，设置混合模式为正片叠底，不透明度为 45，距离和大小值均为 10，如图 7-42 所示。设置完毕单击"确定"按钮。

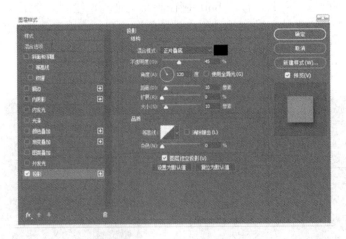

图 7-42　设置图层的投影样式

（3）　双击图层 1，在"图层样式"对话框的左侧列表框中单击"内发光"选项，设置"混合模式"为"变暗"；单击颜色控件，在打开的拾色器中设置 R、G、B 值均为 136；并设置"阻塞"值为 10%，"大小"值为 15 像素，如图 7-43 所示。设置完毕单击"确定"按钮。

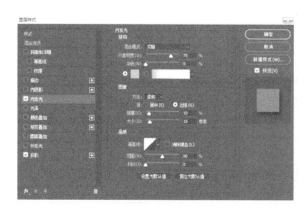

图 7-43　设置图层的内发光样式

（4）　双击图层 1，在"图层样式"对话框的左侧列表框中单击"内阴影"选项，设置混合模式为"正片叠底"，不透明度为 40%，距离为 6，大小为 20，如图 7-44 所示。设置完毕单击"确定"按钮。

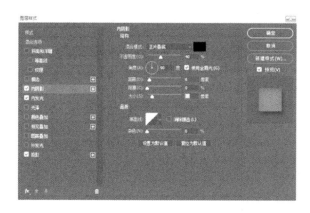

图 7-44　设置图层的内阴影样式

6.　修饰填充色彩

（1）　选择椭圆选框工具，在文档中原来的图形上方绘制一个椭圆选区，如图 7-45 所示。

（2）　单击选项工具栏上的"从选区减去"按钮。

（3）　在椭圆选区的下方绘制一个与之相交叉的选区，完成后如图 7-46 所示。

（4）　在工具栏上单击"前景色"颜色控件，从打开的拾色器中设置 R、G、B 数值均为 190。

（5）　创建一个新图层（图层 2），选择渐变工具，在选区内由下方向上方拖动指针，填充渐变色，如图 7-47 所示。

图 7-45　创建椭圆选区　　　　　图 7-46　从选区中减去　　　　　图 7-47　在选区中填充渐变

（6）　如果需要，可用移动工具调整选区的位置。完成后选择"选择"|"取消选择"命令取消选区。

7.7　本章小结

本章介绍了在 Photoshop 中使用颜色的方法，内容包括颜色的基本术语，设置颜色的方法，渐变色的设置及渐变工具的使用，填充与描边，以及混合器画笔工具的使用等。通过本章的学习，读者应了解使用颜色的基本知识，并掌握设置纯色与渐变色、填充与描边的各种工具和方法。

7.8　习　　题

❖7.8.1　填空题

（1）　_____是指某个三维颜色空间中的一个可见光子集，它包含某个颜色域的所有颜色。

（2）　根据渐变的起点和终点的不同，Photoshop 把渐变色分为_____ 5 种。

（3）　渐变是有大小区别的，在创建渐变时，拖拉的线条长度代表了颜色渐变的缓急。拖拉的线条长，渐变颜色的过渡较_____；拖拉的线条短，渐变颜色的过渡较_____。

（4）　除非有_____存在，否则不管拖拉的线条是否充满了画面，渐变一定是充满整个画面的。

（5）　渐变具有方向性，向不同的方向拖拉渐变线条时，会产生不同的颜色分布。例如，设定起点色为黄色，终点色为红色，当从左到右拖拉渐变线条时，产生_____的效果；反之，当从右到左拖拉渐变线条时，则产生_____的效果。

❖7.8.2　选择题

（1）　加色原色的颜色包括_____几种颜色。

　　A. 红、黄、蓝　　　　　　　　　　　　B. 红、绿、蓝
　　C. 橙、绿、紫　　　　　　　　　　　　D. 青、洋红、黄、黑

（2）　_____模型以人类对颜色的感觉为基础，描述了颜色的 3 种基本特性：色相；饱

合度；亮度。

  A. RGB   B. CMYK

  C. LAB   D. HSB

 （3）Adobe 拾色器中的色域显示_____颜色模式中的颜色分量，如果用户知道所需颜色的数值，可以在文本字段中输入该数值。

  A. HSB、RGB、Lab   B. RGB、Lab、CMYK

  C. HSB、RGB、CMYK   D. HSB、RGB、Lab、CMYK

 （4）_____可存储用户经常使用的颜色。

  A. 拾色器   B. "颜色"面板

  C. "色板"面板   D. 吸管工具

 （5）使用_____可以为选区描边。

  A. 画笔工具   B. 混合器画笔工具

  C. 颜色替换工具   D. "编辑" | "描边"命令

❖7.8.3　简答题

 （1）工具栏上有哪些颜色工具？各有什么作用？

 （2）常用的设置前景色和背景色的方法有哪些？

 （3）如果要用颜色填充一个对象，应使用什么工具？如何操作？

 （4）如何应用杂色渐变？

❖7.8.4　上机实践

 （1）设置前景色为黄色，背景色为红色，然后绘制一个如图 7-48 所示的彩色小球。

 （2）利用"描边"命令绘制如图 7-49 的图案，描边宽度为 4 像素。

   图 7-48　彩色小球   图 7-49　描边图形

第 8 章

蒙版与通道

通道和蒙版是 Photoshop 中两个常用的术语。在编辑图像的过程中，蒙版可以隔离和保护选区之外的未选中区域，以使其不被编辑。通道可用来存储诸如选区、蒙版等信息。蒙版和通道都是灰度图像，可以使用绘画工具、编辑工具和滤镜像编辑任何其他图像一样对它们进行编辑。本章将介绍蒙版与通道的知识，包括蒙版与通道的概念，蒙版的创建，以及通道的分类与编辑等内容。通过本章的学习，读者应了解什么是蒙版，什么是通道，并掌握蒙版与通道的相关知识与操作方法。

教学重点与难点：

1. 创建蒙版。
2. 通道的分类与编辑。

8.1　蒙版与通道的概念

在前面几章的学习过程中，我们经常提到"蒙版"与"通道"这两个词语，那么究竟什么是蒙版？什么是通道？它们有什么作用？下面我们就来了解一下蒙版和通道的概念。

❖8.1.1　蒙版

当用户在选择某个图像的部分区域时，未选中的区域会被蒙版或受保护以免被编辑。因此，创建了蒙版后，当要改变图像某个区域的颜色，或者要对该区域应用滤镜或其他效果时，可以隔离并保护图像的其余部分。用户也可以在进行复杂的图像编辑时使用蒙版，比如将颜色或滤镜效果逐渐应用于图像。

可以创建两种类型的蒙版：矢量蒙版和图层蒙版。矢量蒙版与分辨率无关，可以使用钢笔或形状工具来创建；而图层蒙版是与分辨率相关的位图图像，可以使用绘画或选择工具进行编辑。在蒙版上，用黑色绘制的区域将会受到保护，而用白色绘制的区域是可编辑区域。可以使用图层蒙版来遮盖或隐藏图层的某些部分。

矢量蒙版和图层蒙版都是非破坏性的，这表示用户以后可以返回并重新编辑蒙版，而不会丢失蒙版隐藏的像素。

在"图层"面板中，矢量蒙版和图层蒙版都显示为图层缩览图右边的附加缩览图。对于矢量蒙版，缩览图代表从图层内容中剪下来的路径；而对于图层蒙版，缩览图代表添加图层蒙版时创建的灰度通道。

用户还可以使用快速蒙版模式将选区转换为临时蒙版，以便更轻松地编辑。快速蒙版将作为带有可调整的不透明度的颜色叠加出现。可以使用任何绘画工具编辑快速蒙版或使用滤镜修改它。退出快速蒙版模式之后，蒙版将转换回为图像上的一个选区。蒙版存储在 Alpha 通道中。

❖8.1.2　通道

通道是存储不同类型信息的灰度图像，包括颜色通道、Alpha 通道和专色通道等。一个图像最多可有 56 个通道。所有的新通道都具有与原图像相同的尺寸和像素数目。

通道所需的文件大小由通道中的像素信息决定。某些文件格式（包括 TIFF 和 Photoshop 格式）将压缩通道信息并且可以节约空间。当从弹出菜单中选择"文档大小"命令时，未压缩文件的大小（包括 Alpha 通道和图层）显示在窗口底部状态栏的最右边。

由于蒙版和通道都是灰度图像，因此可以使用绘画工具、编辑工具和滤镜像编辑任何其他图像一样对它们进行编辑。

> **注意**
>
> 只要以支持图像颜色模式的格式存储文件，即会保留颜色通道。只有当以 Photoshop、PDF、TIFF、PSB 或 Raw 格式存储文件时，才会保留 Alpha 通道。DCS 2.0 格式只保留专色通道。以其他格式存储文件可能会导致通道信息丢失。

8.2 创建蒙版

可以向图层添加蒙版，然后使用此蒙版隐藏部分图层并显示下面的图层。蒙版图层是一项重要的复合技术，可用于将多张照片组合成单个图像，也可用于局部的颜色和色调校正。

> **注意**
>
> 若要在背景图层中创建图层或矢量蒙版，应先将此图层转换为常规图层（选择"图层"|"新建"|"图层背景"命令）。

❖8.2.1 矢量蒙版

可以使用钢笔或形状工具创建矢量蒙版。矢量蒙版可在图层上创建锐边形状，无论何时想要添加边缘清晰分明的设计元素，矢量蒙版都非常有用。使用矢量蒙版创建图层之后，可以向该图层应用一个或多个图层样式，并且可以编辑这些图层样式。

Photoshop CC 2017 在"属性"面板中提供了调整蒙版的其他控件。用户可以像处理选区一样更改蒙版的不透明度，以增加或减少显示蒙版内容、反相蒙版或者调整蒙版边界。

1. 添加显示或隐藏整个图层的矢量蒙版

若要创建显示整个图层的矢量蒙版，应在"图层"面板中选择要添加矢量蒙版的图层，然后选择"图层"|"矢量蒙版"|"显示全部"命令。

若要创建隐藏整个图层的矢量蒙版，则在"图层"面板中选择要添加矢量蒙版的图层后，应选择"图层"|"矢量蒙版"|"隐藏全部"命令。

2. 添加显示形状内容的矢量蒙版

若要添加显示形状内容的矢量蒙版，在"图层"面板中选择要添加矢量蒙版的图层后，应选择一条路径，或者使用某种形状工具或钢笔工具绘制一条工作路径，然后选择"图层"|"矢量蒙版"|"当前路径"命令。

> **注意**
>
> 若要使用"形状"工具创建路径，应单击形状工具选项栏中的"路径"按钮。

3. 编辑矢量蒙版

要编辑矢量蒙版，可在"图层"面板中选择包含要编辑的矢量蒙版的图层，然后选择"窗口"|"属性"命令，显示"属性"面板，单击其中的的"选择矢量蒙版"按钮，或选择"窗口"|"路径"命令，显示"路径"面板，单击其中的缩览图，如图 8-1 所示。接下来，使用形状工具、钢笔工具或直接选择工具更改形状即可。

"选择矢量蒙版"按钮

图 8-1 "属性"面板和"路径"面板

★例 8.1：添加一个显示形状内容的矢量蒙版，然后用直接选择工具改变形状。

（1） 新建一个默认 Photoshop 大小的文档，选择"文件"|"置入"命令，打开"置入"对话框，选择"素材"文件夹中的"2.jpg"图像文件，单击"置入"按钮。

（2） 在选项工具栏上单击"提交交换"按钮置入图像。

（3） 在工具栏中选择矩形工具，然后在图像中的苹果周围绘制一个矩形，如图 8-2 所示。

（4） 选择"图层"|"矢量蒙版"|"当前路径"命令，添加矢量蒙版，如图 8-3 所示。

图 8-2 在图像中绘制形状

图 8-3 添加矢量蒙版

（5） 在工具栏中选择直接选择工具，然后拖动选择框上的控制手柄更改矩形的形状，如图 8-4 所示。

图 8-4 更改形状

4. 更改矢量蒙版不透明度或羽化蒙版边缘

在"图层"面板中选择包含矢量蒙版的图层后，在"属性"面板中单击"选择矢量蒙版"按钮，然后拖动"浓度"滑块，即可调整蒙版的不透明度；拖动"羽化"滑块，可羽化蒙版的边缘。

5. 移去矢量蒙版

如果不再需要一个矢量蒙版，可将其删除。方法是在"图层"面板中选择包含矢量蒙版的图层后，在"属性"面板中单击"选择矢量蒙版"按钮，然后单击"删除蒙版"按钮 ███ 。

6. 停用或启用矢量蒙版

也可以不删除某个矢量蒙版而只将其停用，这样当再需要该蒙版时可以随时重新启用它。停用或启用矢量蒙版的方法是：

（1）选择包含要停用或启用的矢量模板的图层，在"属性"面板中单击"停用/启用蒙版"按钮 ███ 。

（2）按住 Shift 键，单击"图层"面板中的矢量蒙版缩览图。

（3）选择包含要停用或启用的矢量蒙版的图层，然后选择"图层"|"矢量蒙版"|"停用"或"图层"|"矢量蒙版"|"启用"命令。

当蒙版处于停用状态时，"图层"面板和"属性"面板中的蒙版缩略图上会显示一个红叉（×），同时文档窗口中也将显示不带蒙版效果的图层内容，如图 8-5 所示。

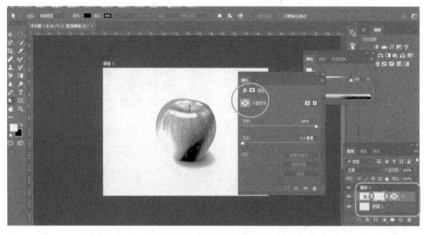

图 8-5　蒙版处于停用状态时的文档和面板

7. 将矢量蒙版转换为图层蒙版

通过将矢量蒙版进行栅格化，可以将矢量蒙版转换为图层蒙版。这一操作是单向不可逆的，即将矢量蒙版栅格化后，将无法再将其更改回矢量对象。

将矢量蒙版转换为图层蒙版的方法是：选择包含要转换的矢量蒙版的图层，然后选择"图层"|"栅格化"|"矢量蒙版"命令。

❖8.2.2　图层蒙版

图层蒙版是一种灰度图像，因此用黑色绘制的区域将被隐藏，用白色绘制的区域是可见的,而用灰度梯度绘制的区域则会出现在不同层次的透明区域中。用户在添加图层蒙版时可以隐藏或显示所有图层,或者使蒙版基于选区或透明区域,然后在蒙版上绘制图形,以精确地隐藏部分图层,并显示下面的图层内容。也可以编辑图层蒙版,以便向蒙版区域中添加内容,或从中减去内容。

1. 添加显示或隐藏整个图层的蒙版

要添加显示或者隐藏整个图层的蒙版,应确保未选定图像的任何部分。用户可先选择"选择"|"取消选择"命令,来取消对所有项目的选择。然后,在"图层"面板中,选择图层或组,执行以下操作之一:

(1) 在"图层"面板中单击"添加图层蒙版"按钮■,或者选择"图层"|"图层蒙版"|"显示全部"命令,以创建显示整个图层的蒙版,如图 8-6 所示。

(2) 按住 Alt 键单击"添加图层蒙版"按钮,或者选择"图层"|"图层蒙版"|"隐藏全部"命令,以创建隐藏整个图层的蒙版,如图 8-7 所示。

图 8-6 创建显示整个图层的蒙版　　　　图 8-7 创建隐藏整个图层的蒙版

2. 添加隐藏部分图层的图层蒙版

若要添加隐藏部分图层的图层蒙版,应在"图层"面板中选择图层或组后,选择图像中的所需区域,然后执行下列操作之一:

(1) 单击"图层"面板中的"添加图层蒙版"按钮■,以创建显示选区的蒙版,如图 8-8 所示。

(2) 按住 Alt 键单击"图层"面板中的"添加图层蒙版"按钮,以创建隐藏选区的蒙版,如图 8-9 所示。

图 8-8 创建显示选区的蒙版　　　　图 8-9 创建隐藏选区的蒙版

（3） 选择"图层"|"图层蒙版"|"显示选区"或"隐藏选区"命令。

3. 通过图层透明度创建蒙版

如果要直接编辑图层透明度，可通过图层透明度来创建蒙版。此技术对于视频和 3D 工作流程特别有用。

在"图层"面板中选择所需图层后，选择"图层"|"图层蒙版"|"从透明区域"命令，即可创建蒙版。Photoshop 会将透明色转换为不透明的颜色，隐藏在新建的蒙版之后。不透明的颜色会随着以前应用于图层的滤镜和其他处理的不同而发生很大的变化。

★例 8.2：从图层透明度创建蒙版，并更改蒙版的透明度，如图 8-10 所示。

（1） 同时打开图像文件"008-1.jpg"和"008-2.jpg"。

（2） 使用矩形选择工具在"008-2.jpg"文档中选择一个矩形区域，如图 8-11 所示。

图 8-10　从图层透明度创建蒙版

图 8-11　选择区域

（3） 选择"编辑"|"拷贝"命令。

（4） 切换到"008-1.jpg"文档，选择"编辑"|"粘贴"命令，创建"图层 1"。

（5） 选择"编辑"|"变换"|"缩放"命令，然后按住 Shift 键拖动变换框上的角手柄，使之撑满画布。

（6） 单击选项工具栏上的"提交变换"按钮。

（7） 选择魔棒工具，单击图层 1 上图像中间的白色部分，选中该区域，按 Delete 键将其删除，如图 8-12 所示。

（8） 选择"图层"|"图层蒙版"|"从透明区域"命令，创建蒙版。

（9） 选择"窗口"|"属性"命令，显示"属性"面板，将"浓度"值设置为"50%"，如图 8-13 所示。

图 8-12　删除选区

图 8-13　设置蒙版透明度

4. 应用另一个图层中的图层蒙版

可以通过移动或复制图层蒙版，将一个图层中的蒙版应用到另一个图层中。移动蒙版的方法是将该蒙版拖动到其他图层；复制蒙版的方法是按住 Alt 键将蒙版拖动到另一个图层。

5. 编辑图层蒙版

在"图层"面板中选择包含要编辑的蒙版的图层并单击蒙版缩览图，然后选择任一编辑或绘画工具，即可对图层蒙版进行编辑。当蒙版处于现用状态时，前景色和背景色均采用默认灰度值。用户可以对图层蒙版进行以下编辑。

（1）从蒙版中减去并显示图层：将蒙版涂成白色。

（2）使图层部分可见：将蒙版绘成灰色。灰色越深，色阶越透明；灰色越浅，色阶越不透明。

（3）向蒙版中添加并隐藏图层或组：将蒙版绘成黑色。此时下方图层将变为可见的。

（4）编辑图层而不是图层蒙版：单击"图层"面板中的图层缩览图以选择它。图层缩览图的周围将出现一个边框。

（5）将拷贝的选区粘贴到图层蒙版中：按住 Alt 键单击"图层"面板中的图层蒙版缩览图，以选择和显示蒙版通道，然后选择"编辑"|"粘贴"命令，再选择"选择"|"取消选择"命令。选区将转换为灰度并添加到蒙版中。单击"图层"面板中的图层缩览图可以取消选择蒙版通道。

图 8-14　图层蒙版的属性

6. 使用"属性"面板调整图层蒙版

使用"属性"面板可以调整所选图层蒙版的不透明度，羽化和调整蒙版边缘，使蒙版区域和未蒙版区域相互调换等。选择"窗口"|"属性"命令，显示"属性"面板，单击其中的"图层蒙版"按钮，即可显示图层蒙版的属性，如图 8-14 所示。

图层蒙版的各属性选项功能如下。

（1）"浓度"：用于调整蒙版的不透明度。浓度到达 100%时，蒙版将完全不透明并遮挡图层下面的所有区域。随着浓度的降低，蒙版下的更多区域变得可见。

（2）"羽化"：用于柔化蒙版的边缘。羽化模糊蒙版边缘以在蒙住和未蒙住区域之间创建较柔和的过渡。在使用滑块设置的像素范围内，沿蒙版边缘向外应用羽化。

（3）"选择并遮住"：单击该按钮可打开"调整蒙版"对话框，用于修改蒙版边缘，并以不同的背景查看蒙版，如图 8-15 所示。

（4）"颜色范围"：单击此按钮可打开"色彩范围"对话框，用来选择特定的颜色区域。

（5）"反相"：单击此按钮可使蒙版区域和未蒙版区域相互调换。

图 8-15　"调整蒙版"对话框

7. 选择并显示图层蒙版通道

为了更轻松地编辑图层蒙版，可以显示灰度蒙版自身，或将灰度蒙版显示为图层上的宝石红颜色叠加。

（1） 只查看灰度蒙版：在"图层"面板中按住 Alt 键单击图层蒙版缩览图。

（2） 重新显示图层：在"属性"面板中单击眼睛图标。

（3） 查看图层顶部使用宝石红蒙版颜色表示的蒙版：按住 Alt+Shift 组合键单击图层蒙版缩览图。

（4） 关闭颜色显示：按住 Alt+Shift 组合键单击蒙版缩览图。

8. 停用或启用图层蒙版

当蒙版处于停用状态时，"图层"面板中的蒙版缩览图上会出现一个红色的 X，并且会显示出不带蒙版效果的图层内容。

停用或启用图层蒙版的操作方法如下：

（1） 选择包含要停用或启用的图层蒙版的图层，单击"属性"面板中的眼睛按钮。

（2） 按住 Shift 键单击"图层"面板中的图层蒙版缩览图。

（3） 选择包含要停用或启用的图层蒙版的图层，然后选择"图层"|"图层蒙版"|"停用"或"图层"|"图层蒙版"|"启用"命令。

❖8.2.3　剪贴蒙版

剪贴蒙版可让用户使用某个图层的内容来遮盖其上方的图层，遮盖效果由底部图层或基底图层决定的内容。基底图层的非透明内容将在剪贴蒙版中裁剪（显示）它上方的图层的内容，剪贴图层中的所有其他内容将被遮盖掉。

可以在剪贴蒙版中使用多个图层，但它们必须是连续的图层。蒙版中的基底图层名称带下画线，上层图层的缩览图是缩进的，叠加图层将显示一个剪贴蒙版图标 ↴，如图 8-16 所示。"图层样式"对话框中的"将剪贴图层混合成组"选项可确定基底的混合模式是影响整个组还是只影响基底。

图 8-16　"图层"面板中的剪贴蒙版

1. 创建剪贴蒙版

剪贴蒙版中的图层分配的是基底图层的不透明度和模式属性。要创建剪贴蒙版，应先在"图层"面板中排列图层，以使带有蒙版的基底图层位于要蒙盖的图层的下方。然后，执行以下操作之一：

（1） 按住 Alt 键，将指针放在图层面板上用于分隔要在剪贴蒙版中包含的基底图层和其上方的第一个图层的线上，当指针变成后面带一个白色方框的弯曲箭头时单击。

（2） 选择"图层"面板中的基底图层上方的第一个图层，并选择"图层"|"创建剪贴蒙版"命令。

若要向剪贴蒙版添加其他图层，可用上述方法之一并同时在"图层"面板向上前进一级。

提示

如果在剪贴蒙版中的图层之间创建新图层，或在剪贴蒙版中的图层之间拖动未剪贴的图层，该图层将成为剪贴蒙版的一部分。

---

2. 移去剪贴蒙版中的图层

若要移去剪贴蒙版中的图层，可按住 Alt 键，将指针放在图层面板中分隔两个已分组图层的线上，当指针变成后面带一个白色方框的弯曲箭头且箭头上带一条斜杠时单击。

若要移去剪贴蒙版中的所有图层，可在"图层"面板中选择基底图层正上方的剪贴蒙版图层，然后选择"图层"|"释放剪贴蒙版"命令。此命令将从剪贴蒙版中移去所选图层以及它上面的任何图层。

8.3 通 道

通道是存储不同类型信息的灰度图像，可以使用"通道"面板来查看文档窗口中的任何通道组合。例如，可以同时查看 Alpha 通道和复合通道，观察 Alpha 通道中的更改与整幅图像是怎样的关系。

❖8.3.1 通道面板

"通道"面板列出了图像中的所有通道，对于 RGB、CMYK 和 Lab 图像，将最先列出复合通道，如图 8-17 所示。

通道内容的缩览图显示在通道名称的左侧，在编辑通道时会自动更新缩览图。查看缩览图是一种跟踪通道内容的简便方法，不过，关闭缩览图显示可以提高性能。选择"窗口"|"通道"命令，即可显示"通道"面板。若要更改"通道"面板中缩览图的大小，可单击"通道"面板右上角的选项按钮，从弹出菜单中选择"面板选项"命令，打开"通道面板选项"对话框，单击所需缩览图大小的单选按钮，如图 8-18 所示。单击"无"单选按钮可关闭缩览图显示。

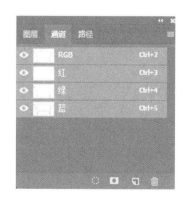

图 8-17 "通道"面板

图 8-18 "通道面板选项"对话框

❖8.3.2 颜色通道

颜色信息通道是在打开新图像时自动创建的。图像的颜色模式决定了所创建的颜色通道的数目。例如，RGB 图像的每种颜色（红色、绿色和蓝色）都有一个通道，并且还有一个用于编辑图像的复合通道。当通道在图像中可见时，在面板中该通道的左侧将出现一个眼睛图标。

各个通道以灰度显示。可以更改默认设置，以便用原色显示各个颜色通道。在 RGB、CMYK 或 Lab 图像中，都可以看到用原色显示的各个通道。如果有多个通道处于现用状态，则这些通道始终用原色显示。

> 在 Lab 图像中，只有 a 和 b 通道是用原色显示。

要使用原色显示各个颜色通道，可选择"编辑"|"首选项"|"界面"命令，打开"首选项"对话框的"界面"选项卡，选中"用彩色显示通道"复选框，然后单击"确定"按钮，如图 8-19 所示。

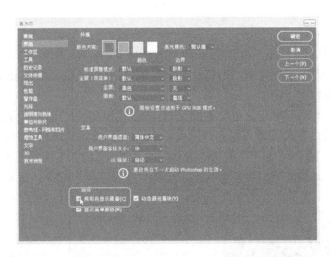

图 8-19　用原色显示颜色通道

❖8.3.3 Alpha 通道

Alpha 通道将选区存储为灰度图像。可以添加 Alpha 通道来创建和存储蒙版，这些蒙版用于处理或保护图像的某些部分。例如，要更加长久地存储一个选区，可以将该选区存储为 Alpha 通道。Alpha 通道将选区存储为"通道"面板中的可编辑灰度蒙版。一旦将某个选区存储为 Alpha 通道，就可以随时重新载入该选区或将该选区载入到其他图像中。

❖8.3.4 专色通道

专色通道可用来指定用于专色油墨印刷的附加印版。专色是特殊的预混油墨，用于替代或补充印刷色（CMYK）油墨。如果要印刷带有专色的图像，就需要创建存储这些颜色的专色通道。必须将文件以 DCS 2.0 格式或 PDF 格式存储才能输出专色通道。

8.4　编辑通道

选择某个通道，然后使用绘画或编辑工具在图像中绘画，即可对该通道进行编辑。一次只能在一个通道上绘画。用白色绘画可按 100%的强度添加选中通道的颜色；用灰色值绘画可以按较低的强底添加通道的颜色；用黑色绘画可完全删除通道的颜色。此外，用户还可以进行复制、删除、重新排列等操作，并且可以将选区存储为 Alpha 通道，分离或者合并通道等。

❖8.4.1　通道的基本操作

在"通道"面板中可以选择通道。方法是单击所需通道的名称，按住 Shift 键单击可选择（或取消选择）多个通道。选中的通道将突出显示其名称，选择了通道后，即可对其进行各种编辑。下面先介绍一些有关通道的基本操作。

1.　重新列和重命名 Alpha 通道和专色通道

仅当图像处于"多通道"模式时，才可以将 Alpha 通道或专色通道移到默认颜色通道的上面。将通道模式转换为多通道模式的方法是选择"图像"|"模式"|"多通道"命令。

若要更改 Alpha 通道或专色通道的顺序，可在"通道"面板中向上或向下拖动通道。当在需要的位置上出现一条线条时，释放鼠标键即可。

若要重命名 Alpha 通道或专色通道，可在"通道"面板中双击该通道的名称，使用进入编辑状态，输入新名称即可。

2.　复制通道

可以拷贝通道，并在当前图像或另一个图像中使用该通道。如果要在图像之间复制 Alpha 通道，则通道必须具有相同的像素尺寸。不能将通道复制到位图模式的图像中。

要复制通道，可在"通道"面板中选择要复制的通道，然后单击"通道"面板右上角的选项按钮，从弹出菜单中选择"复制通道"命令，打开"复制通道"对话框，进行所需的设置后，单击"确定"按钮即可，如图 8-20 所示。

图 8-20　"复制通道"对话框

"复制通道"对话框中各选项说明如下。

（1）"为"：用于输入复制的通道的名称。

（2）"文档"：用于选择复制通道的目标。只有与当前图像具有相同像素尺寸的打开的图像才可用。若要在同一文件中复制通道，应选择通道的当前文件；若要将通道复制到新图像中，可选择"新建"选项，这样将创建一个包含单个通道的多通道图像。选择"新建"选项后，将激活"名称"文本框，在其中输入新图像的名称即可。

（3）"反相"：用于反转复制的通道中选中并蒙版的区域。

此外，用户也可使用下列方法来复制图像中的通道：在"通道"面板中选择要复制的通道，然后将该通道拖动到面板底部的"创建新通道"按钮上。若要复制另一个图像中的通道，则要打开目标图像，并在"通道"面板中选择要复制的通道，然后执行以下操作之一：

（1） 将该通道从"通道"面板拖动到目标图像窗口。复制的通道即会出现在"通道"面板的底部。

（2） 选择"选择"|"全部"命令，然后选择"编辑"|"拷贝"命令。在目标图像中选择通道，并选择"编辑"|"粘贴"命令。所粘贴的通道将覆盖现有通道。

使用此方法时目标图像不必与所复制的通道具有相同的像素尺寸。

3. 设置通道选项

在"通道"面板中双击某个通道的缩览图，将打开该通道的"通道选项"对话框，在此可以设置通道选项，如图 8-21 所示。

"通道选项"对话框中各选项说明如下。

（1） "名称"：用于指定通道的名称。

（2） "被蒙版区域"：用于将被蒙版区域设置成黑色（不透明），并将所选区域设置成白色（透明）。用黑色绘画可扩大被蒙版区域；用白色绘画可扩大选区区域。

（3） "所选区域"：用于将被蒙版区域设置成白色（透明），并将所选区域设置为黑色（不透明）。用白色绘画可扩大被蒙版区域；用黑色绘画可扩大选中区域。

（4） "专色"：用于将 Alpha 通道转换为专色通道。此选项仅适用于现有通道。

（5） "颜色"：用于设置蒙版的颜色和不透明度。单击色域可以更改此颜色。颜色和不透明度设置都只是影响蒙版的外观，对于如何保护蒙版下面的区域没有影响。更改这些设置能使蒙版与图像中的颜色对比更加鲜明，从而具有更好的可见性。

4. 删除通道

存储图像前，可能想删除不再需要的专色通道或 Alpha 通道。复杂的 Alpha 通道将极大增加图像所需的磁盘空间。

要删除通道，可在"通道"面板中选择该通道，然后执行下列操作之一：

（1） 按住 Alt 键单击"删除"图标。

（2） 将面板中的通道名称拖动到"删除"图标上。

（3） 从"通道"面板的选项菜单中选择"删除通道"命令。

（4） 单击面板底部的"删除"图标，在打开的提示对话框中单击"是"按钮，如图 8-22 所示。

图 8-21 "通道选项"对话框

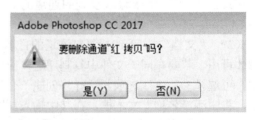

图 8-22 提示对话框

提 示	在从带有图层的文件中删除颜色通道时，将拼合可见图层并丢弃隐藏图层。之所以这样做，是因为删除颜色通道会将图像转换为多通道模式，而该模式不支持图层。当删除 Alpha 通道、专色通道或快速蒙版时，不对图像进行拼合。

❖8.4.2　将选区存储为 Alpha 通道

可以将任何选区存储为新的或现有的 Alpha 通道中的蒙版，然后从该蒙版重新载入选区。通过载入选区使其处于现用状态，添加新的图层蒙版，可将选区用作图层蒙版。

1. 存储选区

要将选区存储到新通道，应先选择要隔离的图像的一个或多个区域，然后单击"通道"面板底部的"将选区存储为通道"按钮 即可。新通道按照创建的顺序而命名。

此外用户也可使用"存储选区"对话框来将选区存储为 Alpha 通道。使用此方法不但可以将选区存储到新的通道，也可存储到现有的通道。

使用选择工具选择想要隔离的一个或多个图像区域，然后选择"选择"|"存储选区"命令，打开"存储选区"对话框，指定所需选项后，单击"确定"按钮，即可将选区存储为新的或现有通道，如图 8-23 所示。

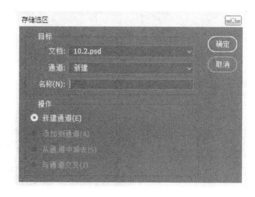

图 8-23　"存储选区"对话框

"存储选区"对话框中各选项说明如下。

（1）"文档"：用于为选区选取一个目标图像。默认情况下，选区放在现用图像中的通道内。可以选择将选区存储到其他打开的且具有相同像素尺寸的图像的通道中，或存储到新图像中。

（2）"通道"：用于为选区选取一个目标通道。默认情况下，选区存储在新通道中。可以选取将选区存储到选中图像的任意现有通道中，或存储到图层蒙版中（如果图像包含图层）。

（3）"名称"：若要将选区存储为新通道，应在该文本框中为通道键入一个名称。

（4）"操作"选项组：如果要将选区存储到现有通道中，可在此选项组中选择组合选区的方式。

* "新建通道"：用于新建通道中的当前选区。
* "添加到通道"：用于将选区添加到当前通道内容。
* "从通道中减去"：用于从通道内容中删除选区。
* "与通道交叉"：用于保留与通道内容交叉的新选区的区域。

存储选区后，可以从"通道"面板中选择相应通道，以查看以灰度显示的存储的选区。

★例 8.3：打开例 10.2 中创建的 PSD 文档，建立选区，将其存储到一个新通道，并查看以灰度显示的存储的选区。

（1）打开"10-2.psd"文档，使用魔术棒工具选择图层 1 中间的透明扇形区域。

（2）选择"选择"｜"反向"命令。选择扇形区域之外的其他区域。

（3）单击"通道"面板底部的"将选区存储为通道"按钮。"通道"面板中出现一个名为"Alpha1"的新通道，如图 8-24 所示。

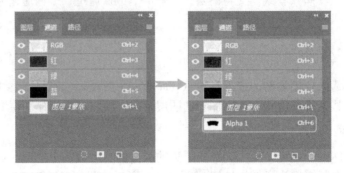

图 8-24　存储选区前的"通道"面板（左）和存储选区后的"通道"面板（右）

（4）在"通道"面板中选择"Alpha1"通道，查看以灰度显示的存储的选区，如图 8-25 所示。

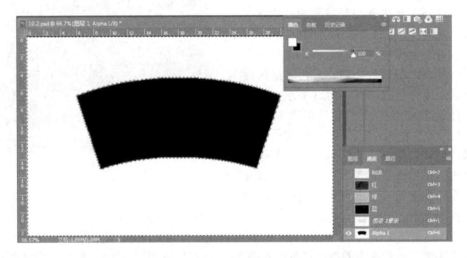

图 8-25　查看以灰度显示的存储的选区

2．载入存储的选区

可通过将选区载入图像重新使用以前存储的选区。在完成修改 Alpha 通道后，也可以将选区载入到图像中。

要从"通道"面板载入存储的选区，可在"通道"面板中执行以下任一操作：

（1）选择 Alpha 通道，单击面板底部的"将通道作为选区载入"按钮，然后单击面板顶部旁边的复合颜色通道。

（2）将包含要载入的选区的通道拖动到"将通道作为选区载入"按钮上方。

（3）按住 Ctrl 键单击包含要载入的选区的通道。

（4）要将蒙版添加到现有选区，按 Ctrl+Shift 组合键并单击通道。

（5）要从现有选区中减去蒙版，按 Ctrl+Alt 组合键并单击通道。

（6） 要载入存储的选区和现有的选区的交集，按 Ctrl+Alt+Shift 组合键并选择通道。

★例 8.4：修改例 10.3 中建立的 Alpha1 通道，然后从"通道"面板载入存储的选区。

（1） 在"通道"面板中双击"Alhpa1"通道的缩览图，打开"通道选项"对话框。

（2） 在"名称"文本框中输入"扇形"，将不透明度值设置为 20%，如图 8-26 所示。

（3） 单击"确定"按钮。

（4） 将"扇形"通道拖动到"通道"面板底部的"将通道作为选区载入"按钮上。

（5） 单击"RGB"通道缩览图左面的方框，使其处于可见状态，此时的文档如图 8-27 所示。

图 8-26 设置通道选项

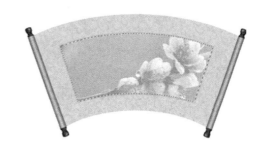

图 8-27 载入存储的选区

❖ 8.4.3 在图像中定义和编辑专色

可以创建新的专色通道，或者将现有 Alpha 通道转换为专色通道。要创建新的专色通道，首先要选择"窗口"|"通道"命令，显示"通道"面板。若要用专色填充选中区域，还应选择或载入选区。然后，按住 Ctrl 键单击"通道"面板中的"新建通道"按钮，打开"新建专色通道"对话框，如图 8-28 所示。

在"新建专色通道"对话框中单击颜色控件，打开拾色器，单击其中的"颜色库"按钮，打开"颜色库"对话框，从自定颜色系统中选取一种颜色，如图 8-29 所示。

图 8-28 "新建专色通道"对话框

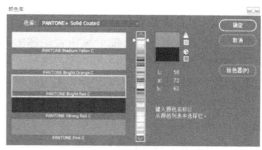

图 8-29 "颜色库"对话框

设置完毕单击"确定"按钮，返回到"新建专色通道"对话框，在"名称"文本框中输入专色通道的名称，并在"密度"框中输入一个 0%和 100%之间的值，然后单击"确定"按钮，即可创建专色通道。

在为专色命名时，如果选择自定颜色，通道将自动采用该颜色的名称。用户应确保命名专色，以便读取文件的其他应用程序能够识别它们，否则可能无法打印此文件。

提 示	密度和颜色选择选项只影响屏幕上的预览和复合印刷，而不影响印刷的分色效果。

★例8.5：新建一个名称为"黄色"的专色通道，并使用黄色填充选区。

（1）　打开例10.4编辑的PSD文档，用魔术棒工具选择扇形区域。

（2）　按住Ctrl键单击"通道"面板中的"新建通道"按钮 ，打开"新建专色通道"对话框。

（3）　在"名称"文本框中输入"黄色"，并单击"颜色"控件，将颜色设置为黄色，如图8-30所示。

（4）　单击"确定"按钮。"通道"面板中出现一个名为"黄色"的专色通道，同时文档中的选区以黄色填充，如图8-31所示。

图8-30　新建专色通道　　　　　　　　　　图8-31　用黄色填充选区

❖8.4.4　分离通道和合并通道

用户可以分离或者合并通道。当需要在不能保留通道的文件格式中保留单个通道信息时，可以对通道进行分离，只能分离拼合图像的通道。如果要合并通道，则要合并的图像必须是处于灰度模式，并且已被拼合（没有图层）且具有相同的像素尺寸，还要处于打开状态。已打开的灰度图像的数量决定了合并通道时可用的颜色模式。例如，如果打开了三个图像，可以将它们合并为一个RGB图像；如果打开了四个图像，则可以将它们合并为一个CMYK图像。

1.　将通道分离为单独的图像

要将通道分离为单独的图像，应单击"通道"面板右上角的选项按钮，从弹出菜单中选择"分离通道"命令。分离通道后，源文件将被关闭，单个通道出现在单独的灰度图像窗口，新窗口中的标题栏显示原文件名以及通道，如图8-32所示。可以分别存储和编辑新图像。

图 8-32　分离通道后的文档

2.　合并通道

可以将多个灰度图像合并为一个图像的通道。如果遇到意外丢失了链接的 DCS 文件（并因此无法打开、放置或打印该文件），可打开通道文件并将它们合并成 CMYK 图像，然后将该文件重新存储为 DCS EPS 文件。

必须打开多个图像，"合并通道"选项才可用。因此，在合并通道之前，用户需要打开包含要合并的通道的多个灰度图像，并使其中一个图像成为现用图像，然后从"通道"面板的选项菜单中选择"合并通道"命令，打开如图 8-33 所示的"合并通道"对话框，在"模式"下拉列表框中选择要创建的颜色模式，适合模式的通道数量出现在"通道"文本框中。如果需要特别设置通道数量，可在"通道"文本框中输入一个数值；如果输入的通道数量与选中模式不兼容，则将自动选中多通道模式。这将创建一个具有两个或多个通道的多通道图像。

设置完毕，单击"确定"按钮，将打开如图 8-34 所示的"合并多通道"对话框。对于每个通道，应确保需要的图像已打开。如果想更改图像类型，可单击"模式"按钮返回"合并通道"对话框；如果要将通道合并为多通道图像，则单击"下一步"按钮，然后选择其余的通道。

图 8-33　"合并通道"对话框

图 8-34　"合并多通道"对话框

全部通道选择后，单击"确定"按钮，即可将选中的通道合并为指定类型的新图像。原图像在不做任何更改的情况下关闭，新图像则出现在未命名的窗口中，如图 8-35 所示。

> **提　示**
>
> 多通道图像的所有通道都是 Alpha 通道或专色通道。不能分离并重新合成（合并）带有专色通道的图像。专色通道将作为 Alpha 通道添加。

图 8-35　合并通道后的文档

8.5　典型实例——美丽的花朵

打开一幅植物照片，将一部分花朵区域抠出来，如图 8-36 所示。由于花朵的颜色与背景非常接近，所以简单地利用选择工具很难正确地选择所需的区域，因此这里我们选择利用通道来进行抠图。

图 8-36　抠图效果

本实例将涉及到以下内容：

● 复制通道。

● 反相蒙版。

● 载入选区。

1.　复制通道

（1）打开"素材"文件夹中的"010-2.jpg"图像文件，单击"图层"面板标签右侧的"通道"标签，显示"通道"面板。

（2）在"图层"面板中单击"红"、"绿"、"蓝"3 种通道，查看花朵与周边区域的对比色哪个反差最大，结论是"蓝"通道，如图 8-37 所示。

（3）右击"蓝"通道，从弹出的快捷菜单中选择"复制通道"命令，打开"复制通道"对话框，如图 8-38 所示。

（4）单击"确定"按钮创建一个"蓝 副本"通道。

 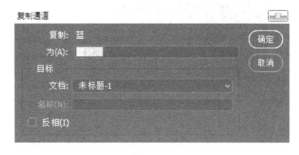

图 8-37 "红"通道模式下的图像   图 8-38 "复制通道"对话框

2. 调整色阶

（1）选择"图像"|"调整"|"色阶"命令，打开"色阶"对话框。

（2）拖动"输入色阶"框下方的三角滑块，使花朵部分变成黑色，如图 8-39 所示。

图 8-39 调整色阶

（3）单击"确定"按钮。

3. 建立选区并删除不需要的部分

（1）使用套索工具建立一个选区，如图 8-40 所示。

（2）选择"选择"|"反向"命令，反选选区之外的区域。

（3）按 Delete 键，打开"填充"对话框，在"使用"下拉列表框中选择"白色"，如图 8-41 所示。

图 8-40　建立选区

图 8-41　"填充"对话框

（4）　单击"确定"按钮得到如图 8-42 所示的图像。

（5）　选择魔棒工具，选择灰色区域，按 Delete 键将其删除。对于细节部分可放大视图到 300%，然后选择不需要的区域将其删除。完成后效果如图 8-43 所示。

图 8-42　填充后效果

图 8-43　删除后效果

4.　反相蒙版并载入选区

（1）　选择"图像"|"调整"|"反相"命令，反相蒙版，如图 8-44 所示。

图 8-44　反相蒙版

（2）　将"蓝 副本"通道拖动到"通道"面板底部的"将通道作为选区载入"按钮上。

5.　通过拷贝的选区新建图层

（1）　选择"RGB"通道。

（2）　选择"图层"|"新建"|"通过拷贝的图层"命令。

（3）　切换到"图层"面板，单击"背景"图层缩览图前面的眼睛图标，只显示新建的"图层 1"中的图像。

（4）　用移动工具将图像拖到画布中央。

8.6　本章小结

本章介绍了蒙版和通道的知识，内容包括蒙版和通道的概念，蒙版的创建、剪贴，通道的编辑和存储，以及分离和合并通道等。通过本章的学习，读者应了解什么是蒙版，什么是通道，并掌握蒙版和通道的创建与使用，以及利用蒙版和通道设计图像的技能。

8.7　习　　题

❖8.7.1　填空题

（1）　在 Photoshop 中可以创建两种类型的蒙版：＿＿＿＿＿＿和＿＿＿＿＿＿。

（2）　矢量蒙版和图层蒙版都是＿＿＿＿＿＿的，这表示用户以后可以＿＿＿＿＿＿，而不会＿＿＿＿＿＿。

（3）　通道是＿＿＿＿＿＿＿＿＿＿，包括＿＿＿＿＿＿＿＿＿＿＿＿。

（4）　通过将矢量蒙版进行＿＿＿＿＿＿，可以将矢量蒙版转换为图层蒙版。这一操作是＿＿＿＿＿＿。

（5）　"通道"面板列出了图像中的所有通道，对于 RGB、CMYK 和 Lab 图像，将最先列出＿＿＿＿＿＿。

❖8.7.2　选择题

（1）　一个图像最多可有＿＿＿＿56 个通道。

      A. 1　　　　　　　　　　　　　　　B. 4

      C. 16　　　　　　　　　　　　　　D. 56

（2）只有当以 Photoshop、PDF、TIFF、PSB 或 Raw 格式存储文件时，才会保留＿＿＿＿＿＿。

      A. 颜色通道　　　　　　　　　　　B. Alpha 通道

      C. 专色通道　　　　　　　　　　　D. 颜色通道、Alpha 通道和专色通道

（3）　隐藏整个图层的蒙版的方法是＿＿＿＿＿＿。

      A. 按 Alt 键

      B. 按住 Alt 键单击"隐藏图层蒙版"按钮

      C. 单击"隐藏图层蒙版"按钮

      D. 按住 Alt 键单击"添加图层蒙版"按钮

（4）从蒙版中减去并显示图层的方法是_____。

      A. 将蒙版涂成白色　　　　　　　　　B. 将蒙版涂成黑色

      C. 将蒙版涂成灰色　　　　　　　　　D. 按 Delete 键

（5）停用或启用图层蒙版的操作方法是：按住_____键单击"图层"面板中的图层蒙版缩览图。

      A. Ctrl　　　　　　　　　　　　　　B. Alt

      C. Shift　　　　　　　　　　　　　　D. Ctrl+Alt

❖8.7.3　简答题

（1）什么是矢量蒙版？如何添加？

（2）如何停用矢量蒙版而不是将其删除？

（3）如何将选区存储为 Alpha 通道并载入存储的通道？

❖8.7.4　上机实践

（1）打开一幅图像，为其添加矢量蒙版，并尝试隐藏/显示、停用/启用矢量蒙版。

（2）查看打开图像的通道，并建立一个选区将其存储为 Alpha 通道。

第 9 章

滤　　镜

教学目标：

　　滤镜在 Photoshop 中具有非常神奇的作用，可用来实现图像的各种特殊效果。Photoshop 中的滤镜种类齐全、品种繁多、功能强大，且随着软件的升级不断添加新的种类。本章即介绍 Photoshop CC 2017 中滤镜的知识与使用技巧，包括滤镜的原理与使用方法，滤镜库的使用等内容。通过本章的学习，读者应了解滤镜的基本概念和各种滤镜的大概效果，并掌握滤镜、智能滤镜、滤镜库的应用方法。

教学重点与难点：

1. 滤镜的使用。
2. 滤镜库。

9.1　滤镜的原理与使用方法

　　Photoshop 中的滤镜操作非常简单，只需从菜单中选择相应命令即可应用某个滤镜，但是，真正想用好滤镜却也并不容易，因为很难做到恰到好处。滤镜通常需要与通道、图层等联合使用，才能取得最佳艺术效果。如果想在最适当的时候应用滤镜到最适当的位置，除了平常的美术功底之外，还需要用户对滤镜的熟悉和操控能力，甚至需要具有很丰富的想象力。

❖9.1.1　什么是滤镜

　　滤镜是 Photoshop 中功能最丰富、效果最奇特的工具之一，它通过不同的方式改变像素数据，以达到对图像进行抽象、艺术化的特殊处理效果。Photoshop 滤镜可以分为三种类型：内阙滤镜、内置滤镜（自带滤镜）和外挂滤镜（第三方滤镜）。

　　内阙滤镜是指内阙于 Photoshop 程序内部的滤镜，不能被删除，即使将 Photoshop 目录下的 plug-ins 目录删除，这些滤镜依然存在。

　　内置滤镜是指在默认安装 Photoshop 时，安装程序自动安装到 plug-ins 目录下的那些滤镜。

　　外挂滤镜是指除上述两类以外，由第三方厂商为 Photoshop 所生产的滤镜，不但数量庞大、种类繁多、功能不一，而且版本和种类不断升级与更新。Photoshop 外挂滤镜具有很大的灵活性，而且可以要根据意愿来更新外挂，而不必更新整个应用程序，著名的外挂滤镜有 KPT、PhotoTools、Eye Candy、Xenofen、Ulead Effects 等。

❖9.1.2　滤镜的用途

　　通过使用滤镜，可以清除和修饰照片，应用能够为图像提供素描或印象派绘画外观的特殊艺术效果，还可以使用扭曲和光照效果创建独特的变换。Adobe 提供的滤镜显示在"滤镜"菜单中。第三方开发商提供的某些滤镜可以作为增效工具使用。在安装后，这些增效工具滤镜出现在"滤镜"菜单的底部。

　　通过应用于智能对象的智能滤镜，可以在使用滤镜时不会造成破坏。智能滤镜作为图层效果存储在"图层"面板中，并且可以利用智能对象中包含的原始图像数据随时重新调整这些滤镜。

❖9.1.3　应用滤镜

　　要使用滤镜，应先选择要应用滤镜的目标，如整个图层、选区或者智能对象。然后，从"滤镜"菜单中选择相应的子菜单命令。如果不出现任何对话框，说明已应用该滤镜效果。如果出现对话框或者滤镜库，则需要输入数值或者选择相应的选项，然后单击"确定"按钮。

　　将滤镜应用于较大图像时可能要花费很长的时间，但是，用户可以在滤镜对话框中预览效果。在预览窗口中拖动，可以使图像的一个特定区域居中显示。在某些滤镜中，可以在图像中单击以使该图像在单击处居中显示。单击预览窗口下的"+"或"-"按钮可以放大或缩小图像，如图 9-1 所示的是"极坐标"滤镜的选项对话框。

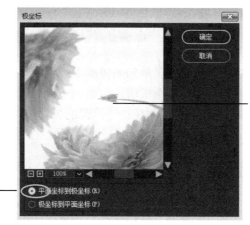

拖动以使图像的特
定区域居中显示

单击这两个按钮之一
以放大或缩小图像

图 9-1　"极坐标"对话框

可以在同一对象上应用多个滤镜。滤镜效果是按照它们的选择顺序应用的，可在"图层"面板中查看已应用的滤镜列表。在应用滤镜之后，可通过在已应用的滤镜列表中将滤镜名称拖动到另一个位置来重新排列它们。重新排列滤镜效果可显著改变图像的外观。单击滤镜旁边的眼睛图标 ◉，可在预览图像中隐藏效果。此外，还可以通过选择滤镜并单击"删除图层"图标 🗑 来删除已应用的滤镜。

❖ **9.1.4　滤镜的使用规则**

在使用滤镜时，需遵循以下原则：

（1）滤镜应用于现用的可见图层或选区。

（2）对于 8 位/通道的图像，可以通过"滤镜库"累积应用大多数滤镜。所有滤镜都可以单独应用。

（3）不能将滤镜应用于位图模式或索引颜色的图像。

（4）有些滤镜只对 RGB 图像起作用。

（5）可以将所有滤镜应用于 8 位图像。

（6）可以将下列滤镜应用于 16 位图像：液化、消失点、平均模糊、模糊、进一步模糊、方框模糊、高斯模糊、镜头模糊、动感模糊、径向模糊、表面模糊、形状模糊、镜头校正、添加杂色、去斑、蒙尘与划痕、中间值、减少杂色、纤维、云彩、分层云彩、镜头光晕、锐化、锐化边缘、进一步锐化、智能锐化、USM 锐化、浮雕效果、查找边缘、曝光过度、逐行、NTSC 颜色、自定、高反差保留、最大值、最小值以及位移。

（7）可以将下列滤镜应用于 32 位图像：平均模糊、方框模糊、高斯模糊、动感模糊、径向模糊、形状模糊、表面模糊、添加杂色、云彩、镜头光晕、智能锐化、USM 锐化、逐行、NTSC 颜色、浮雕效果、高反差保留、最大值、最小值以及位移。

（8）有些滤镜完全在内存中处理。如果可用于处理滤镜效果的内存不够，Photoshop 将会弹出提示错误的信息。

9.2　滤镜库

在 Photoshop CC 2017 的"滤镜"菜单和滤镜库中，我们可以选择形形色色的滤镜。但面对众多的滤镜效果，如果盲目地一个个试用，将是一个非常巨大的工程。因此，本节我们将简单了解一下主要滤镜的大概效果，以便在设计图像的过程中可以有选择地应用这些滤镜。

❖9.2.1　风格化滤镜

"风格化"滤镜通过置换像素和通过查找并增加图像的对比度，在选区中生成绘画或印象派的效果。在使用"查找边缘"和"等高线"等突出显示边缘的滤镜后，可应用"反相"命令用彩色线条勾勒彩色图像的边缘或用白色线条勾勒灰度图像的边缘。

1．查找边缘

"查找边缘"滤镜可以用显著的转换标识图像的区域，并突出边缘。像"等高线"滤镜一样，"查找边缘"滤镜用相对于白色背景的黑色线条勾勒图像的边缘，这对生成图像周围的边界非常有用。选择要应用滤镜的目标后，选择"滤镜"|"风格化"|"查找边缘"命令即可应用此滤镜。

2．等高线

应用"等高线"滤镜可查找主要亮度区域的转换，并为每个颜色通道淡淡地勾勒主要亮度区域的转换，以获得与等高线图中的线条类似的效果。选择要应用滤镜的目标，然后选择"滤镜"|"风格化"|"等高线"命令，打开"等高线"对话框，设置所需选项后单击"确定"按钮，即可应用此滤镜。

3．风

应用"风"滤镜可在图像中放置细小的水平线条来获得风吹的效果。选择要应用滤镜的目标后，选择"滤镜"|"风格化"|"风"命令，打开"风"对话框，设置"方法"与"方式"选项，然后单击"确定"按钮，即可应用此滤镜。

"风"滤镜的具体效果包括"风"、"大风"和"飓风"三种，其中"大风"可用于获得更生动的风效果；"飓风"可以使图像中的线条发生偏移。

4．浮雕效果

应用"浮雕效果"滤镜可通过将选区的填充色转换为灰色，并用原填充色描画边缘，从而使选区显得凸起或压低。选择要应用滤镜的目标后，选择"滤镜"|"风格化"|"浮雕效果"命令，打开"浮雕效果"对话框，设置"角度"、"高度"和"数量"等选项，然后单击"确定"按钮，即可应用此滤镜。

在设置浮雕角度时，可输入的有效值范围是-360～360，-360º 使表面凹陷，+360º 使表面凸起。高度和选区中颜色数量的有效值是 1%～500%。如果要在进行浮雕处理时保留颜色和细节，可在应用"浮雕效果"滤镜之后执行"渐隐"命令。

5．扩散

应用"扩散"滤镜可根据选中的以下选项搅乱选区中的像素以虚化焦点："正常"使像素

随机移动（忽略颜色值）；"变暗优先"用较暗的像素替换亮的像素；"变亮优先"用较亮的像素替换暗的像素；"各向异性"在颜色变化最小的方向上搅乱像素。

选择要应用滤镜的目标后，选择"滤镜"|"风格化"|"扩散"命令，打开"扩散"对话框，设置模式，然后单击"确定"按钮，即可应用此滤镜。

6. 拼贴

应用"拼贴"滤镜可以将图像分解为一系列拼贴，使选区偏离其原来的位置。用户可以选择下列对象之一填充拼贴之间的区域：背景色，前景色，图像的反转版本或图像的未改变版本，它们使拼贴的版本位于原版本之上并露出原图像中位于拼贴边缘下面的部分。

选择要应用滤镜的目标后，选择"滤镜"|"风格化"|"拼贴"命令，打开"拼贴"对话框，设置拼贴数值、最大位移值和填充空白区域的色彩，然后单击"确定"按钮，即可应用此滤镜。

7. 曝光过度

应用"曝光过度"滤镜可以混合负片和正片图像，类似于显影过程中将摄影照片短暂曝光。选择要应用滤镜的目标后，选择"滤镜"|"风格化"|"曝光过度"命令，即可应用此滤镜。

8. 凸出

应用"凸出"滤镜可以赋予选区或图层一种 3D 纹理效果。选择要应用滤镜的目标后，选择"滤镜"|"风格化"|"凸出"命令，打开"凸出"对话框，设置凸出的类型、大小和深度等选项，然后单击"确定"按钮，即可应用此滤镜。

9. 照亮边缘

应用"照亮边缘"滤镜可以标识颜色的边缘，并向其添加类似霓虹灯的光亮。选择要应用滤镜的目标后，选择"滤镜"|"滤镜库"命令，打开"滤镜库"对话框，展开"风格化"滤镜类型列表，选择"照亮边缘"滤镜，然后进行所需设置，单击"确定"按钮，即可应用此滤镜。此滤镜可累积使用。

❖9.2.2　模糊滤镜

"模糊"滤镜用于柔化选区或整个图像，这对修饰非常有用。它们通过平衡图像中已定义的线条和遮蔽区域的清晰边缘旁边的像素，使变化显得柔和。若要将"模糊"滤镜应用到图层边缘，应取消选择"图层"面板中的"锁定透明像素"选项。

1. 表面模糊

应用"表面模糊"滤镜可以在保留边缘的同时模糊图像。此滤镜用于创建特殊效果并消除杂色或粒度。选择"滤镜"|"模糊"|"表面模糊"命令，打开"表面模糊"对话框，设置所需的选项后单击"确定"按钮，即可应用此滤镜，如图 9-2 所示。

"表面模糊"对话框中各选项说明如下：

（1）"半径"：用于指定模糊取样区域的大小。

图 9-2　"表面模糊"对话框

（2）"阈值"：用于控制相邻像素色调值与中心像素值相差多大时才能成为模糊的一部分。色调值差小于阈值的像素被排除在模糊之外。

2. 动感模糊

应用"动感模糊"滤镜可以沿指定方向（-360°至+360°）以指定强度（1 至 999）进行模糊。此滤镜的效果类似于以固定的曝光时间给一个移动的对象拍照。选择"滤镜"|"模糊"|"动感模糊"命令，打开"动感模糊"对话框，设置所需的选项后单击"确定"按钮，即可应用此滤镜。

3. 方框模糊

应用"方框模糊"滤镜可基于相邻像素的平均颜色值来模糊图像，此滤镜用于创建特殊效果。选择"滤镜"|"模糊"|"方框模糊"命令，打开"方框模糊"对话框，设置所需的选项后单击"确定"按钮，即可应用此滤镜。用户可以调整用于计算给定像素的平均值的区域大小；半径越大，产生的模糊效果越好。

4. 高斯模糊

应用"高斯模糊"滤镜可以使用可调整的量快速模糊选区。高斯是指当 Photoshop 将加权平均应用于像素时生成的钟形曲线。"高斯模糊"滤镜添加低频细节，并产生一种朦胧效果。

	当"高斯模糊"、"方框模糊"、"动感模糊"或"形状模糊"滤镜应用于选定的图像区域时，有时会在选区的边缘附近产生意外的视觉效果。其原因是，这些模糊滤镜将使用选定区域之外的图像数据在选定区域内部创建新的模糊像素。例如，如果选区表示在保持前景清晰的情况下想要进行模糊处理的背景区域，则模糊的背景区域边缘将会沾染上前景中的颜色，从而在前景周围产生模糊、浑浊的轮廓。在这种情况下，为了避免产生此效果，可以使用"特殊模糊"或"镜头模糊"滤镜。

5. 模糊和进一步模糊

应用"模糊"或"进一步模糊"滤镜可以在图像中有显著颜色变化的地方消除杂色。"模糊"滤镜通过平衡已定义的线条和遮蔽区域的清晰边缘旁边的像素，使变化显得柔和。"进一步模糊"滤镜的效果比"模糊"滤镜强三到四倍。选择"滤镜"|"模糊"|"模糊"命令即可应用"模糊"滤镜；选择"滤镜"|"模糊"|"进一步模糊"命令可应用"进一步模糊"滤镜。

6. 径向模糊

"径向模糊"滤镜可模拟缩放或旋转的相机所产生的模糊，产生一种柔化的模糊。选择"滤镜"|"模糊"|"径向模糊"命令，打开"径向模糊"对话框，设置所需选项后单击"确定"按钮，即可应用此滤镜，如图 9-3 所示。

"径向模糊"对话框中各主要选项说明如下。

（1）"模糊方法"选项组：用于指定模糊的方法。"旋转"是指沿同心圆环线模糊，然后指定旋转的度数；"缩放"是指沿径向线模糊，好像是在放大或缩小图像。选择模糊方法后，可在"数量"文本框中指定 1 到 100 之间的值。

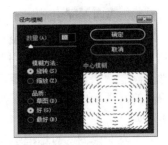

图 9-3　"径向模糊"对话框

（2） "品质"选项组：用于选择模糊的品质范围。"草图"产生最快但为粒状的结果；"好"和"最好"产生比较平滑的结果，除非在大选区上，否则看不出这两种品质的区别。

（3） "中心模糊"：通过拖动此框中的图案可指定模糊的原点。

7. 镜头模糊

"镜头模糊"滤镜可向图像中添加模糊以产生更窄的景深效果，以便使图像中的一些对象在焦点内，而使另一些区域变模糊。选择"滤镜"|"模糊"|"镜头模糊"命令，打开"镜头模糊"对话框，设置所需选项后单击"确定"按钮，即可应用此滤镜。

8. 平均

"平均"滤镜用于找出图像或选区的平均颜色，然后用该颜色填充图像或选区以创建平滑的外观。例如，如果您选择了草坪区域，该滤镜会将该区域更改为一块均匀的绿色部分。

9. 特殊模糊

"特殊模糊"滤镜可精确地模糊图像。选择"滤镜"|"模糊"|"特殊模糊"命令，打开"特殊模糊"对话框，指定半径、阈值和模糊品质后单击"确定"按钮，即可应用此滤镜。半径值确定在其中搜索不同像素的区域大小。阈值确定像素具有多大差异后才会受到影响。也可以为整个选区设置模式（正常），或为颜色转变的边缘设置模式（"仅限边缘"和"叠加边缘"）。在对比度显著的地方，"仅限边缘"应用黑白混合的边缘，而"叠加边缘"应用白色的边缘。

图 9-4 "形状模糊"对话框

10. 形状模糊

"形状模糊"滤镜可使用指定的内核来创建模糊。选择"滤镜"|"模糊"|"形状模糊"命令，打开"形状模糊"对话框，从自定形状预设列表中选取一种内核，并使用"半径"滑块来调整其大小，如图 9-4 所示。半径决定了内核的大小；内核越大，模糊效果越好。

❖9.2.3 扭曲滤镜

"扭曲"滤镜可将图像进行几何扭曲，创建 3D 或其他整形效果。这些滤镜可能会占用大量内存。可以通过"滤镜库"来应用"扩散亮光"、"玻璃"和"海洋波纹"滤镜。

1. 波浪

"波浪"滤镜的工作方式类似于"波纹"滤镜，但可进行进一步的控制。选择"滤镜"|"扭曲"|"波浪"命令，打开"波浪"对话框，设置相应的选项后单击"确定"按钮，即可应用此滤镜。"波浪"滤镜的选项包括波浪生成器的数量、波长（从一个波峰到下一个波峰的距离）、波浪高度和波浪类型：正弦（滚动）、三角形或方形。"随机化"选项应用随机值。也可以定义未扭曲的区域。

2. 波纹

"波纹"滤镜可在选区上创建波状起伏的图案，像水池表面的波纹。选择"滤镜"|"扭

曲"|"波纹"命令，打开"波纹"对话框，设置波纹的数量和大小后单击"确定"按钮，即可应用此滤镜。

3. 极坐标

"极坐标"滤镜可根据选中的选项将选区从平面坐标转换到极坐标，或将选区从极坐标转换到平面坐标。可以使用此滤镜创建圆柱变体（18 世纪流行的一种艺术形式），当在镜面圆柱中观看圆柱变体中扭曲的图像时，图像是正常的。选择"滤镜"|"扭曲"|"极坐标"命令，打开"极坐标"对话框，选择转换方式后单击"确定"按钮，即可应用此滤镜。

4. 挤压

"挤压"滤镜可以挤压选区。正值将选区向中心移动；负值将选区向外移动。有效值为 -100%～100%。选择"滤镜"|"扭曲"|"挤压"命令，打开"挤压"对话框，指定挤压的数量值后单击"确定"按钮，即可应用此滤镜。

5. 切变

"切变"滤镜可沿一条曲线扭曲图像。选择"滤镜"|"扭曲"|"切变"命令，打开"切变"对话框，通过拖动框中的线条可指定曲线。可以调整曲线上的任何一点。单击"默认"可将曲线恢复为直线。

6. 球面化

"球面化"滤镜可通过将选区折成球形、扭曲图像以及伸展图像以适合选中的曲线，使对象具有 3D 效果。选择"滤镜"|"扭曲"|"球面化"命令，打开"球面化"对话框，指定所需选项值后单击"确定"按钮，即可应用此滤镜。

7. 水波

"水波"滤镜根据选区中像素的半径将选区径向扭曲。选择"滤镜"|"扭曲"|"水波"命令，打开"水波"对话框，指定所需选项值后单击"确定"按钮，即可应用此滤镜。"起伏"选项设置水波方向从选区的中心到其边缘的反转次数。在"样式"下拉列表框中可指定如何置换像素："水池波纹"将像素置换到左上方或右下方；"从中心向外"向着或远离选区中心置换像素；而"围绕中心"围绕中心旋转像素。

8. 旋转扭曲

"旋转扭曲"滤镜可旋转选区，中心的旋转程度比边缘的旋转程度大。选择"滤镜"|"扭曲"|"旋转扭曲"命令，打开"旋转扭曲"对话框，指定角度即可生成旋转扭曲图案。

9. 置换

"置换"滤镜使用名为置换图的图像确定如何扭曲选区。例如，使用抛物线形的置换图创建的图像看上去像是印在一块两角固定悬垂的布上。选择"滤镜"|"扭曲"|"置换"命令，打开"置换"对话框，指定所需选项后单击"确定"按钮，将打开"选取一个置换图"对话框，在其中选择一个 PSD 图像，单击"打开"按钮，即可扭曲选区。扭曲的状态取决于选择的图像。

10. 扩散亮光

"扩散亮光"滤镜可将图像渲染成像是透过一个柔和的扩散滤镜来观看的。此滤镜添加透明的白杂色，并从选区的中心向外渐隐亮光。选择"滤镜"|"滤镜库"命令，打开"滤镜库"对话框，展开"扭曲"类别，选择"扩散亮光"滤镜，设置相应的选项后单击"确定"

按钮，即可应用此滤镜。

11. 玻璃

"玻璃"滤镜可使图像显得像是透过不同类型的玻璃来观看的。选择"滤镜"|"滤镜库"命令，打开"滤镜库"对话框，展开"扭曲"类别，选择"玻璃"滤镜，并设置相应的选项后单击"确定"按钮，即可应用此滤镜。可以选择玻璃效果或创建自己的玻璃表面（存储为Photoshop 文件）并加以应用。可以调整缩放、扭曲和平滑度设置。当将表面控制与文件一起使用时，可按"置换"滤镜的指导操作。

12. 海洋波纹

"海洋波纹"滤镜可将随机分隔的波纹添加到图像表面，使图像看上去像是在水中。选择"滤镜"|"滤镜库"命令，打开"滤镜库"对话框，展开"扭曲"类别，选择"海洋波纹"滤镜，并设置相应的选项后单击"确定"按钮，即可应用此滤镜。

★例 9.6：打开一个图像文件，对其中的部分图像应用"水波"滤镜，如图 9-5 所示。

图 9-5 应用"水波"滤镜前后的图像效果

（1）打开"素材"文件夹中的"7-2.jpg"文档，用魔术棒工具选择杯中的咖啡部分，如图 9-6 所示。

（2）选择"滤镜"|"扭曲"|"水波"命令，打开"水波"对话框。

（3）在"数量"文本框中输入"55"，在"起伏"文本框中输入"4"，在"样式"下拉列表框中选择"水池波纹"选项，如图 9-7 所示。

图 9-6 选择图像区域

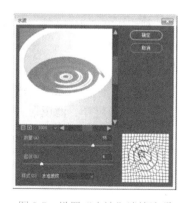

图 9-7 设置"水波"滤镜选项

（4）单击"确定"按钮应用滤镜效果。

❖9.2.4　锐化滤镜

"锐化"滤镜可通过增加相邻像素的对比度来聚焦模糊的图像。

1.　锐化和进一步锐化

"锐化"和"进一步锐化"滤镜可聚焦选区并提高其清晰度。"进一步锐化"滤镜比"锐化"滤镜应用更强的锐化效果。选择"滤镜"|"锐化"|"锐化"命令或者"滤镜"|"锐化"|"进一步锐化"命令，即可应用"锐化"滤镜或者"进一步锐化"滤镜。

2.　锐化边缘和 USM 锐化

"锐化边缘"和"USM 锐化"滤镜可查找图像中颜色发生显著变化的区域，然后将其锐化。"锐化边缘"滤镜只锐化图像的边缘，同时保留总体的平滑度。使用此滤镜在不指定数量的情况下锐化边缘。选择"滤镜"|"锐化"|"锐化边缘"命令，即可应用此滤镜。

对于专业色彩校正，可使用"USM 锐化"滤镜调整边缘细节的对比度，并在边缘的每侧生成一条亮线和一条暗线。此过程将使边缘突出，造成图像更加锐化的错觉。选择"滤镜"|"锐化"|"USM 锐化"命令，打开"USM 锐化"对话框，设置相应的选项后单击"确定"按钮，即可应用此滤镜。

3.　智能锐化

"智能锐化"滤镜可通过设置锐化算法或控制阴影和高光中的锐化量来锐化图像。如果尚未确定要应用的特定锐化滤镜，那么这是一种值得考虑的推荐锐化方法。选择"滤镜"|"锐化"|"智能锐化"命令，打开"智能锐化"对话框，设置相应的选项后单击"确定"按钮，即可应用此滤镜。

❖9.2.5　视频滤镜

在 Photoshop CC 2017 中包含两个视频滤镜："逐行"滤镜和"NTSC 颜色"滤镜。它们位于"滤镜"|"视频"子菜单中。

1.　逐行

"逐行"滤镜可通过移去视频图像中的奇数或偶数隔行线，使在视频上捕捉的运动图像变得平滑。选择"滤镜"|"视频"|"逐行"命令，打开"逐行"对话框，设置所需选项后单击"确定"按钮，即可应用此滤镜。用户可以选择通过复制或插值来替换扔掉的线条。

2.　NTSC 颜色

"NTSC 颜色"滤镜可以将色域限制在电视机重现可接受的范围内，以防止过饱和颜色渗到电视扫描行中。选择"滤镜"|"视频"|"NTSC 颜色"命令即可应用此滤镜。

❖9.2.6　像素化滤镜

使用"滤镜"|"像素化"子菜单中的滤镜可通过使单元格中颜色值相近的像素结成块来清晰地定义一个选区。

1. 彩块化

"彩块化"滤镜可使纯色或相近颜色的像素结成相近颜色的像素块。可以使用此滤镜使扫描的图像看起来像手绘图像，或使现实主义图像类似抽象派绘画。选择"滤镜"|"像素化"|"彩块化"命令，即可应用此滤镜。

2. 彩色半调

"彩色半调"滤镜可模拟在图像的每个通道上使用放大的半调网屏的效果。对于每个通道，滤镜将图像划分为矩形，并用圆形替换每个矩形。圆形的大小与矩形的亮度成比例。选择"滤镜"|"像素化"|"彩色半调"命令，打开"彩色半调"对话框，设置相应的选项后单击"确定"按钮，即可应用此滤镜。

3. 点状化

"点状化"滤镜可将图像中的颜色分解为随机分布的网点，如同点状化绘画一样，并使用背景色作为网点之间的画布区域。选择"滤镜"|"像素化"|"点状化"命令，打开"点状化"对话框，进行所需设置后单击"确定"按钮，即可应用此滤镜。

4. 晶格化

"晶格化"滤镜使像素结块形成多边形纯色。选择"滤镜"|"像素化"|"晶格化"命令，打开"晶格化"对话框，设置相应的选项后单击"确定"按钮，即可应用此滤镜。

5. 马赛克

"马赛克"滤镜可使像素结为方形块。给定块中的像素颜色相同，块颜色代表选区中的颜色。选择"滤镜"|"像素化"|"马赛克"命令，打开"马赛克"对话框，进行所需设置后单击"确定"按钮，即可应用此滤镜。

6. 碎片

"碎片"滤镜可创建选区中像素的四个副本，将它们平均，并使其相互偏移。选择"滤镜"|"像素化"|"碎片"命令即可应用此滤镜。

7. 铜版雕刻

"铜版雕刻"滤镜可将图像转换为黑白区域的随机图案，或者彩色图像中完全饱和颜色的随机图案。要使用此滤镜，可选择"滤镜"|"像素化"|"铜版雕刻"命令，打开"铜版雕刻"对话框，从"类型"菜单选取一种网点图案。设置完毕单击"确定"按钮，即可应用此滤镜。

★例 9.1：给人物的眼睛部位打上马赛克，如图 9-8 所示。

图 9-8　为人物眼部打马赛克

（1） 打开"素材"文件夹中的"10.jpg"图像文档，用矩形选框工具在人物的眼睛部位创建一个选区，如图9-9所示。

（2） 选择"滤镜"|"像素化"|"马赛克"命令，打开"马赛克"对话框。

（3） 在"单元格大小"文本框中输入"20"，如图9-10所示。

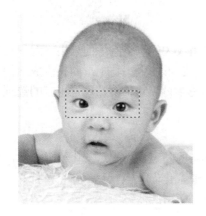

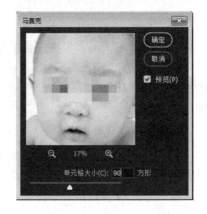

图9-9　建立选区　　　　　　　　图9-10　设置"马赛克"的单元格大小

（4） 单击"确定"按钮，应用滤镜。

❖9.2.7　渲染滤镜

"渲染"滤镜可在图像中创建 3D 形状、云彩图案、折射图案和模拟的光反射。也可在 3D 空间中操纵对象，创建 3D 对象（立方体、球面和圆柱），并从灰度文件创建纹理填充以产生类似 3D 的光照效果。

1. 云彩

"云彩"滤镜可使用介于前景色与背景色之间的随机值，生成柔和的云彩图案。选择"滤镜"|"渲染"|"云彩"命令即可应用此滤镜。若要生成色彩较为分明的云彩图案，可按住 Alt 键选择"滤镜"|"渲染"|"云彩"命令。当应用"云彩"滤镜时，现用图层上的图像数据会被替换。

2. 分层云彩

应用"分层云彩"滤镜可使用随机生成的介于前景色与背景色之间的值，生成云彩图案。选择"滤镜"|"渲染"|"分层云彩"命令即可应用此滤镜。此滤镜将云彩数据和现有的像素混合，其方式与"差值"模式混合颜色的方式相同。第一次选择此滤镜时，图像的某些部分被反相为云彩图案。应用此滤镜几次之后，会创建出与大理石的纹理相似的凸缘与叶脉图案。当应用"分层云彩"滤镜时，现用图层上的图像数据会被替换。

3. 纤维

应用"纤维"滤镜可使用前景色和背景色创建编织纤维的外观。选择"滤镜"|"渲染"|"纤维"命令，打开"纤维"对话框，设置所需选项后单击"确定"按钮，即可应用此滤镜。

在"纤维"对话框中，用户可以使用"差异"滑块来控制颜色的变化方式，较低的值会产生较长的颜色条纹；而较高的值会产生非常短且颜色分布变化更大的纤维。"强度"滑块用于控制每根纤维的外观，低设置会产生松散的织物，而高设置会产生短的绳状纤维。单击"随机化"按钮可更改图案的外观，可多次单击该按钮，直到看到喜欢的图案。当应用"纤维"滤镜时，现用图层上的图像数据会被替换。用户可以尝试通过添加渐变映射调整图层来对纤维进行着色。

4. 镜头光晕

"镜头光晕"滤镜可模拟亮光照射到像机镜头所产生的折射。要应用"镜头光晕"滤镜，可选择"滤镜"|"渲染"|"镜头光晕"命令，打开"镜头光晕"对话框，如图 9-11 所示。单击图像缩览图的任一位置或拖动其十字线，指定光晕中心的位置，并设置其他所需选项，完成后单击"确定"按钮即可。

❖9.2.8　杂色滤镜

应用"杂色"滤镜可添加或移去杂色或带有随机分布色阶的像素，这有助于将选区混合到周围的像素中。"杂色"滤镜可创建与众不同的纹理或移去有问题的区域，如灰尘和划痕。

1. 添加杂色

"添加杂色"滤镜可将随机像素应用于图像，模拟在高速胶片上拍照的效果。也可以使用"添加杂色"滤镜来减少羽化选区或渐进填充中的条纹，或使经过重大修饰的区域看起来更真实。杂色分布选项包括"平均分布"和"高斯分布"，如图 9-12 所示。"平均"使用随机数值（介于 0 以及正/负指定值之间）分布杂色的颜色值以获得细微效果；"高斯"沿一条钟形曲线分布杂色的颜色值以获得斑点状的效果。"单色"选项将此滤镜只应用于图像中的色调元素，而不改变颜色。选择"滤镜"|"杂色"|"添加杂色"命令，打开"添加杂色"对话框，设置所需选项后单击"确定"按钮，即可应用此滤镜。

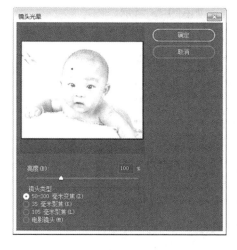

图 9-11　"镜头光晕"对话框

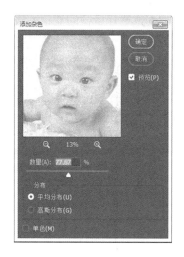

图 9-12　"添加杂色"对话框

2. 减少杂色

"减少杂色"滤镜可以在基于影响整个图像或各个通道的用户设置保留边缘的同时减少杂色。选择"滤镜"|"杂色"|"减少杂色"命令，打开"减少杂色"对话框，设置所需选项

后单击"确定"按钮，即可应用此滤镜。

3. 去斑

"去斑"滤镜可检测图像的边缘（发生显著颜色变化的区域），并模糊除那些边缘外的所有选区。该模糊操作会移去杂色，同时保留细节。选择"滤镜"|"杂色"|"去斑"命令即可应用此滤镜。

4. 蒙尘与划痕

"蒙尘与划痕"滤镜可通过更改相异的像素来减少杂色。选择"滤镜"|"杂色"|"蒙尘与划痕"命令，打开"蒙尘与划痕"对话框，设置所需选项后单击"确定"按钮，即可应用此滤镜。为了在锐化图像和隐藏瑕疵之间取得平衡，用户可尝试"半径"与"阈值"设置的各种组合，或者将滤镜应用于图像中的选定区域。

5. 中间值

"中间值"滤镜可通过混合选区中像素的亮度来减少图像的杂色。此滤镜搜索像素选区的半径范围以查找亮度相近的像素，扔掉与相邻像素差异太大的像素，并用搜索到的像素的中间亮度值替换中心像素。此滤镜在消除或减少图像的动感效果时非常有用。选择"滤镜"|"杂色"|"中间值"命令，打开"中间值"对话框，设置所需选项后单击"确定"按钮，即可应用此滤镜。

❖9.2.9 艺术效果滤镜

可以使用"艺术效果"滤镜来为美术或商业项目制作绘画效果或艺术效果。例如，将"木刻"滤镜用于拼帖或印刷。这些滤镜模仿自然或传统介质效果。可以通过"滤镜库"来应用所有"艺术效果"滤镜：选择"滤镜"|"滤镜库"命令，打开"滤镜库"对话框，展开"艺术效果"类别，选择所需的滤镜并设置相应选项即可，如图 9-13 所示。

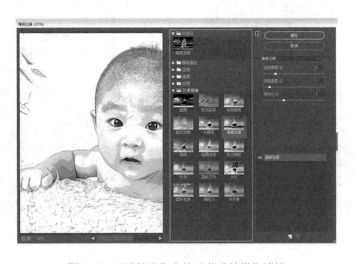

图 9-13　"滤镜库"中的"艺术效果"滤镜

1. 壁画

"壁画"滤镜可使用短而圆的、粗略涂抹的小块颜料，以一种粗糙的风格绘制图像。

2.　彩色铅笔

"彩色铅笔"滤镜类似于使用彩色铅笔在纯色背景上绘制图像。保留边缘，外观呈粗糙阴影线；纯色背景色透过比较平滑的区域显示出来。

> **提　示**
>
> 若要制作羊皮纸效果，请在将"彩色铅笔"滤镜应用于选中区域之前更改背景色。

3.　粗糙蜡笔

"粗糙蜡笔"滤镜可在带纹理的背景上应用粉笔描边。在亮色区域，粉笔看上去很厚，几乎看不见纹理；在深色区域，粉笔似乎被擦去了，使纹理显露出来。

4.　底纹效果

"底纹效果"滤镜可在带纹理的背景上绘制图像，然后将最终图像绘制在该图像上。

5.　调色刀

"调色刀"滤镜可减少图像中的细节以生成描绘得很淡的画布效果，从而可以显示出下面的纹理。

6.　干画笔

"干画笔"滤镜使用干画笔技术（介于油彩和水彩之间）绘制图像边缘。此滤镜通过将图像的颜色范围降到普通颜色范围来简化图像。

7.　海报边缘

"海报边缘"滤镜可根据设置的海报化选项减少图像中的颜色数量（对其进行色调分离），并查找图像的边缘，在边缘上绘制黑色线条。大而宽的区域有简单的阴影，而细小的深色细节遍布图像。

8.　海绵

"海绵"滤镜使用颜色对比强烈、纹理较重的区域创建图像，以模拟海绵绘画的效果。

9.　绘画涂抹

"绘画涂抹"滤镜使用户可以选择各种大小（1～50）和类型的画笔来创建绘画效果。画笔类型包括简单、未处理光照、暗光、宽锐化、宽模糊和火花。

10.　胶片颗粒

"胶片颗粒"滤镜可将平滑图案应用于阴影和中间色调。将一种更平滑、饱合度更高的图案添加到亮区。在消除混合的条纹和将各种来源的图素在视觉上进行统一时，此滤镜非常有用。

11.　木刻

"木刻"滤镜可使图像看上去好像是由从彩纸上剪下的边缘粗糙的剪纸片组成的。高对比度的图像看起来呈剪影状，而彩色图像看上去是由几层彩纸组成的。

12. 霓虹灯光

"霓虹灯光"滤镜可将各种类型的灯光添加到图像中的对象上。此滤镜用于在柔化图像外观时给图像着色。要选择一种发光颜色，请单击发光框，并从拾色器中选择一种颜色。

13. 水彩

"水彩"滤镜以水彩的风格绘制图像，使用蘸了水和颜料的中号画笔绘制以简化细节。当边缘有显著的色调变化时，此滤镜会使颜色更饱满。

14. 塑料包装

"塑料包装"滤镜类似于给图像涂上一层光亮的塑料，以强调表面细节。

15. 涂抹棒

"涂抹棒"滤镜使用短的对角描边涂抹暗区以柔化图像。亮区变得更亮，以致失去细节。

❖9.2.10 画笔描边滤镜

与"艺术效果"滤镜一样，"画笔描边"滤镜使用不同的画笔和油墨描边效果创造出绘画效果的外观，有些滤镜可添加颗粒、绘画、杂色、边缘细节或纹理等效果。可以通过"滤镜库"来应用所有"画笔描边"滤镜：选择"滤镜"|"滤镜库"命令，打开"滤镜库"对话框，展开"画笔描边"类别，选择所需的滤镜并设置相应选项即可，如图 9-14 所示。

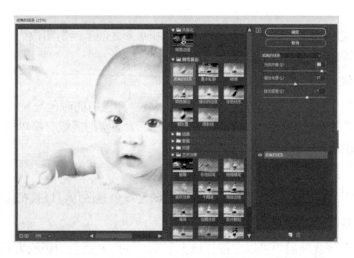

图 9-14 "滤镜库"中的"画笔描边"滤镜

1. 成角的线条

"成角的线条"滤镜使用对角描边重新绘制图像，用相反方向的线条来绘制亮区和暗区。

2. 墨水轮廓

"墨水轮廓"滤镜以钢笔画的风格，用纤细的线条在原细节上重绘图像。

3. 喷溅

"喷溅"滤镜模拟喷溅喷枪的效果。增加选项可简化总体效果。

4. 喷色描边

"喷色描边"滤镜使用图像的主导色，用成角的、喷溅的颜色线条重新绘画图像。

5. 强化的边缘

"强化的边缘"滤镜可以强化图像边缘。设置高的边缘亮度控制值时，强化效果类似白色粉笔；设置低的边缘亮度控制值时，强化效果类似黑色油墨。

6. 深色线条

"深色线条"滤镜用短的、绷紧的深色线条绘制暗区；用长的白色线条绘制亮区。

7. 烟灰墨

"烟灰墨"滤镜以日本画的风格绘画图像,看起来像是用蘸满油墨的画笔在宣纸上绘画。烟灰墨使用非常黑的油墨来创建柔和的模糊边缘。

8. 阴影线

"阴影线"滤镜可保留原始图像的细节和特征，同时使用模拟的铅笔阴影线添加纹理，并使彩色区域的边缘变粗糙。"强度"选项（使用值 1～3）确定使用阴影线的遍数。

❖9.2.11 素描滤镜

"素描"滤镜将纹理添加到图像上，通常用于获得 3D 效果。这些滤镜还适用于创建美术或手绘外观。许多"素描"滤镜在重绘图像时使用前景色和背景色。可以通过"滤镜库"来应用所有"素描"滤镜：选择"滤镜"|"滤镜库"命令，打开"滤镜库"对话框，展开"素描"类别，选择所需的滤镜并设置相应选项即可，如图 9-15 所示。

图 9-15　"滤镜库"中的"素描"滤镜

1. 半调图案

"半调图案"滤镜可在保持连续的色调范围的同时，模拟半调网屏的效果。

2. 便条纸

"便条纸"滤镜可创建像是用手工制作的纸张构建的图像。此滤镜简化了图像，并结合

使用"浮雕效果"滤镜（选择"滤镜"|"风格化"|"浮雕效果"命令）和"颗粒"滤镜（滤镜库中"纹理"类别内）的效果。图像的暗区显示为纸张上层中的洞，使背景色显示出来。

3. 粉笔和炭笔

"粉笔和炭笔"滤镜可重绘高光和中间调，并使用粗糙粉笔绘制纯中间调的灰色背景。阴影区域用黑色对角炭笔线条替换。炭笔用前景色绘制，粉笔用背景色绘制。

4. 铬黄渐变

"铬黄渐变"滤镜可渲染图像，就好像它具有擦亮的铬黄表面。高光在反射表面上是高点，阴影是低点。应用此滤镜后，可使用"色阶"对话框增加图像的对比度。

5. 绘图笔

"绘图笔"滤镜使用细的、线状的油墨描边以捕捉原图像中的细节。对于扫描图像，效果尤其明显。此滤镜使用前景色作为油墨，并使用背景色作为纸张，以替换原图像中的颜色。

6. 基底凸现

"基底凸现"滤镜可变换图像，使之呈现浮雕的雕刻状和突出光照下变化各异的表面。图像的暗区呈现前景色，而浅色使用背景色。

7. 石膏效果

"石膏效果"滤镜按 3D 塑料效果塑造图像，然后使用前景色与背景色为结果图像着色。暗区凸起，亮区凹陷。

8. 水彩画纸

"水彩画纸"滤镜类似于在潮湿的纤维纸上的涂抹，使颜色流动并混合。

9. 撕边

"撕边"滤镜可重建图像，使之由粗糙、撕破的纸片状组成，然后使用前景色与背景色为图像着色。对于文本或高对比度对象，此滤镜尤其有用。

10. 炭笔

"炭笔"滤镜可产生色调分离的涂抹效果。主要边缘以粗线条绘制，而中间色调用对角描边进行素描。炭笔是前景色，背景是纸张颜色。

11. 炭精笔

"炭精笔"滤镜可在图像上模拟浓黑和纯白的炭精笔纹理。"炭精笔"滤镜在暗区使用前景色，在亮区使用背景色。为了获得更逼真的效果，可以在应用滤镜之前将前景色改为一种常用的"炭精笔"颜色（黑色、深褐色或血红色）。要获得减弱的效果，可将背景色改为白色，在白色背景中添加一些前景色，然后再应用滤镜。

12. 图章

"图章"滤镜可简化图像，使之看起来就像是用橡皮或木制图章创建的一样。此滤镜用于黑白图像时效果最佳。

13. 网状

"网状"滤镜模拟胶片乳胶的可控收缩和扭曲来创建图像，使之在阴影呈结块状，在高光呈轻微颗粒化。

14．影印

"影印"滤镜模拟影印图像的效果。大的暗区趋向于只拷贝边缘四周，而中间色调要么纯黑色，要么纯白色。

❖9.2.12　纹理滤镜

可以使用"纹理"滤镜模拟具有深度感或物质感的外观，或者添加一种器质外观。可以通过"滤镜库"来应用所有"纹理"滤镜：选择"滤镜"|"滤镜库"命令，打开"滤镜库"对话框，展开"纹理"类别，选择所需的滤镜并设置相应选项即可，如图 9-16 所示。

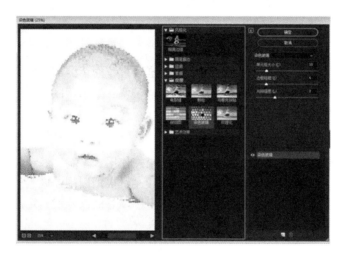

图 9-16　"滤镜库"中的"纹理"滤镜

1．龟裂缝

"龟裂缝"滤镜效果类似于将图像绘制在一个高凸现的石膏表面上，以循着图像等高线生成精细的网状裂缝。使用此滤镜可以对包含多种颜色值或灰度值的图像创建浮雕效果。

2．颗粒

"颗粒"滤镜通过模拟以下不同种类的颗粒在图像中添加纹理：常规、软化、喷洒、结块、强反差、扩大、点刻、水平、垂直和斑点（可从"颗粒类型"下拉列表框中进行选择）。

3．马赛克拼贴

"马赛克拼贴"滤镜可渲染图像，使它看起来是由小的碎片或拼贴组成，然后在拼贴之间灌浆。（与之相反的是"像素化"|"马赛克"滤镜，它将图像分解成各种颜色的像素块。）

4．拼缀图

"拼缀图"滤镜可将图像分解为用图像中该区域的主色填充的正方形。此滤镜随机减小或增大拼贴的深度，以模拟高光和阴影。

5．染色玻璃

"染色玻璃"滤镜将图像重新绘制为用前景色勾勒的单色的相邻单元格。

6. 纹理化

"纹理化"滤镜将选择或创建的纹理应用于图像。

❖9.2.13 其他滤镜

"滤镜"|"其他"子菜单中的滤镜允许用户创建自己的滤镜、使用滤镜修改蒙版、在图像中使选区发生位移和快速调整颜色。

1. 高反差保留

"高反差保留"滤镜可在有强烈颜色转变发生的地方按指定的半径保留边缘细节,并且不显示图像的其余部分(0.1 像素半径仅保留边缘像素)。此滤镜移去图像中的低频细节,与"高斯模糊"滤镜的效果恰好相反。

2. 位移

"位移"滤镜可将选区移动指定的水平量或垂直量,而选区的原位置变成空白区域。用户可用当前背景色、图像的另一部分填充这块区域,或者如果选区靠近图像边缘,也可以使用所选择的填充内容进行填充。

3. 自定

"自定"滤镜使用户可以设计自己的滤镜效果。使用"自定"滤镜,根据预定义的数学运算(称为卷积),可以更改图像中每个像素的亮度值。根据周围的像素值为每个像素重新指定一个值。此操作与通道的加、减计算类似。用户可以存储创建的自定滤镜,并将它们用于其他 Photoshop 图像。

在使用"阈值"命令或将图像转换为位图模式之前,将"高反差"滤镜应用于连续色调的图像将很有帮助。此滤镜对于从扫描图像中取出的艺术线条和大的黑白区域非常有用。

4. 最小值和最大值

"最小值"和"最大值"两个滤镜对于修改蒙版非常有用。"最大值"滤镜有应用阻塞的效果:展开白色区域和阻塞黑色区域。"最小值"滤镜有应用伸展的效果:展开黑色区域和收缩白色区域。与"中间值"滤镜一样,"最大值"和"最小值"滤镜针对选区中的单个像素。在指定半径内,"最大值"和"最小值"滤镜用周围像素的最高或最低亮度值替换当前像素的亮度值。

9.3 典型实例——扇贝

通过在文档中绘制简单图形,然后应用各种滤镜来制作彩色贝壳,如图 9-17 所示。

本实例将涉及到以下内容:

- 液化滤镜。
- 球面化滤镜。
- 纹理滤镜。

图 9-17 扇贝

1. 准备工作

（1）选择"文件"|"新建"命令，打开"新建"对话框。

（2）设置宽度和高度值均为 10 厘米，分辨率值为 300，颜色模式为 RGB 颜色，背景内容为白色。

（3）单击"确定"按钮。

2. 绘制图形

（1）创建一个新图层，选择矩形选框工具，在选项工具栏中设置样式为"固定大小"，宽度为 0.25 厘米，高度为 10 厘米。

（2）在"颜色"面板上单击"前景色"颜色控件，然后在 R、G、B 框中分别输入 255、175、100。

（3）在文档左侧绘制选区，并用油漆桶工具填充该选区。

（4）按 Ctrl+C 组合键复制选区，再按 Ctrl+V 组合键粘贴选区，并将新图层上的选区移动到画布最右侧。

（5）重复按 Ctrl+V 组合键，并移动各图层上的选区，使之在画布上从左到右均匀排列，如图 9-18 所示。

（6）在"图层"面板中选择除背景图层之外的所有图层，右击鼠标，从弹出的快捷菜单中选择"合并图层"命令。

（7）将合并后的图层重命名为"图层 1"。

3. 应用"球面化"滤镜

（1）选择图层 1，选择"编辑"|"自由变换"命令，然后按住 Shift 键向选区中心部拖动角手柄，使之缩小一些。

（2）提交变换后，选择"滤镜"|"扭曲"|"球面化"命令，打开"球面化"对话框，将"数量"值设置为 100%。

（3）设置完毕单击"确定"按钮。

4. 删除不需要的部分

（1）选择椭圆选框工具，在球面化后出现的圆形上拖出一个圆形选区，如图 9-19 所示。

（2）选择"选择"|"反向"命令，反选圆之外的区域。

（3）按 Delete 键将其删除，得到一个正圆形，如图 9-20 所示。

图 9-18　绘制条纹图案　　　　　图 9-19　创建选区　　　　　图 9-20　正圆形

5. 复制和隐藏图层

（1）选择"图层 1"，右击鼠标，从弹出的快捷菜单中选择"复制图层"命令，得到"图层 1 副本"图层。

（2）单击"图层 1 副本"图层上的眼睛图标，隐藏该图层。

6. 制作扇贝轮廓

（1）选择图层 1，选择"编辑"|"自由变换"命令。

（2）将图层 1 缩小至四分之一画布大小，并将其移动到画布中央。

（3）选择"编辑"|"变换"|"透视"命令。

（4）按住 Ctrl 键，将指针放在变换框顶部的角手柄上向外拖动，然后再将指针放在变换框底部的角手柄上向内拖动，如图 9-21 所示。

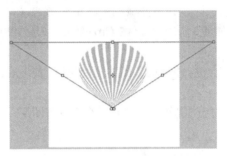

图 9-21　变换图形

（5）将指针放在变换框上部中点处的手柄上向下拖动少许，按 Enter 键提交变换。

（6）选择"滤镜"|"液化"命令，打开"液化"对话框，在左侧工具栏上选择膨胀工具 。

（7）在对话框右侧的"工具选项"选项组中设置画笔大小为 350。

（8）在预览框中单击扇形底部 5～6 次，使其具有膨胀效果，如图 9-22 所示。

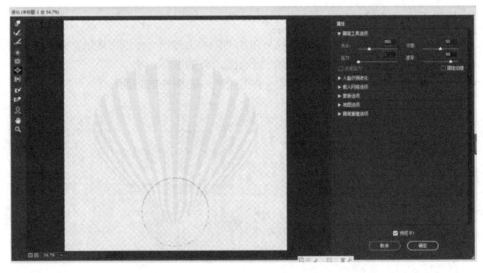

图 9-22　设置膨胀效果

（9） 单击"确定"按钮。

7. 为图形添加底色和投影效果

（1） 在图层 1 的下方创建一个新图层"图层 2"。

（2） 选择图层 2，使用磁性套索工具沿扇形周围绘制一个选择框。

（3） 选择油漆桶工具，将前景色的 RGB 值设置为 240,230,150，填充选区，如图 9-23 所示。

图 9-23　为贝壳添加底色

（4） 选择图层 1，选择"图层"|"图层样式"|"投影"命令，打开"图层样式"对话框的"投影"选项卡，设置不透明度值为 53%，角度值为 120，距离 12 像素，扩展值 2%，大小 10 像素。设置完毕单击"确定"按钮。

（5） 选择图层 1 和图层 2，右击鼠标，从弹出的快捷菜单中选择"合并图层"命令，得到新的图层 1。

8. 制作横向条纹

（1） 在图层 1 上方新建一个图层，将其命名为"条纹"。

（2） 设置前景色的 RGB 值为 240,230,160。

（3） 选择渐变工具，然后在选项工具栏中设置渐变样式为透明条纹渐变，渐变方向为径向渐变。

（4） 由画布中点靠上的部位向上拖动，绘出一个同心圆，如图 9-24 所示。

（5） 选择"滤镜"|"扭曲"|"球面化"命令，打开"球面化"对话框，将"数量"值设置为 100%，单击"确定"按钮。

（6） 选择"编辑"|"自由变换"命令，更改同心圆的位置和大小，然后按 Enter 键提交变换，如图 9-25 所示。

图 9-24　绘制同心圆　　　　　　　　　　图 9-25　调整同心圆

（7） 在"图层"面板中单击"条纹"图层上的眼睛图标，隐藏"条纹"图层。

（8） 用磁性套索工具沿扇形周围绘制一个选区。

（9） 显示"条纹"图层，选择"选择"|"反向"命令，然后按 Delete 键删除反选区域。结果如图 9-26 所示。

9. 修饰图案

（1） 选择"条纹"图层，在"图层"面板上的"混合模式"下拉列表框中选择"正片叠底"，在"不透明度"文本框中输入 58%。

（2） 选择"滤镜"|"纹理"|"纹理化"命令，打开"纹理化"对话框，在"纹理"下拉列表框中选择"砂岩"，并设置"缩放"值为 126%，"凸现"值为 10，单击"确定"按钮。得到图像效果如图 9-27 所示。

10. 制作贝壳顶点部位的图形

（1） 显示并选择前面隐藏的图层 1 副本，将其置于最底层。

（2） 选择"编辑"|"变换"|"旋转 90 度"命令（顺时针或逆时针皆可）。

（3） 选择"编辑"|"自由变换"命令，调整图形大小，并将其压扁成椭圆形。

（4） 选择"图层"|"图层样式"|"投影"命令，打开"图层样式"对话框的"投影"选项卡，设置不透明度为 53%，角度为 120º，距离为 12 像素，扩展值为 2%，大小为 10 像素。单击"确定"按钮。

（5） 在图层 1 副本下面新建一个图层，将其命名为图层 B。

（6） 在图层 B 中用椭圆选框工具绘制一个与图层 1 副本中的图形大小相等的椭圆。

（7） 设置前景色的 RGB 值为 242,230,112，然后用油漆桶填充选区。

（8） 选择图层 B 和图层 1 副本，右击鼠标，从弹出菜单中选择"合并图层"命令，合并为新的"图层 1 副本"图层。

（9） 选择"滤镜"|"扭曲"|"球面化"命令，打开"球面化"对话框，设置数量值为 100，单击"确定"按钮。

（10） 用套索工具或多边形选框工具随意选择椭圆的边角，将其删除，得到如图 9-28 所示的效果。

图 9-26　删除无关区域　　　　图 9-27　条纹纹理化　　　　图 9-28　删除边角

（11） 选择减淡工具将图层 1 副本中贝壳左面的突出部分颜色减淡；选择加深工具将图层 1 副本中贝壳左面的突出部分颜色加深。完成扇贝的制作。

9.4　本章小结

　　本章介绍了在 Photoshop 中使用智能对象的方法，内容包括智能对象的创建、编辑，智能对象与普通图层的相互转换，智能滤镜等。通过本章的学习，读者应了解什么是智能对象，并掌握智能对象创建与编辑方法，以及智能滤镜的简单设置。

9.5　习　　题

❖9.5.1　填空题

　　（1）　如果在"图层"面板中的某个智能滤镜旁看到一个警告图标，表示_____。

　　（2）　在 Photoshop 中，智能滤镜的顺序是按照_____的顺序来进行应用的。

　　（3）　可以使用"纹理"滤镜模拟_____，或者添加_____。

❖9.5.2　选择题

　　（1）　滤镜库_____。

　　　　　A. 提供"滤镜"菜单中的所有滤镜

　　　　　B. 提供"滤镜"菜单中的部分滤镜

　　　　　C. 不提供"滤镜"菜单中的任何滤镜

　　　　　D. 用于为在"滤镜"菜单中选择的滤镜设置选项

　　（2）　要为选区或图层赋予一种 3D 纹理效果，可使用_____滤镜。

　　　　　A. 浮雕效果　　　　　　　　　　　　B. 等高线

　　　　　C. 凸出　　　　　　　　　　　　　　D. 球面化

　　（3）　当把智能滤镜应用于某个智能对象时，Photoshop 会在"图层"面板中该智能对象下方的智能滤镜行上显示一个_____色蒙版缩览图。

　　　　　A. 黑　　　　　　　　　　　　　　　B. 灰

　　　　　C. 白　　　　　　　　　　　　　　　D. 都不是

❖9.5.3　简答题

　　（1）　使用滤镜时应遵循哪些规则？

　　（2）　如何应用滤镜效果？

　　（3）　在使用滤镜库中的滤镜时，如何累积滤镜效果？

❖9.5.4　上机实践

　　（1）　利用"球面化"滤镜制作一个彩色球体。

　　（2）　找一张人物图像，利用"塑料包装"滤镜为人物设置塑胶娃娃效果。

第 10 章

修 饰 照 片

教学目标:

对于大部分人来说，Photoshop 的魅力可能主要在于修饰照片。而对于影楼来说，这则是一项非常重要的功能。无论是婚纱摄影还是艺术照片，通过使用 Photoshop 进行后期修饰和艺术处理后，都将变得完美无暇，令人惊叹。本章即着重介绍使用 Photoshop 修饰照片的知识，内容包括润饰照片、修复照片、裁剪图像等。通过本章的学习，读者应掌握各种照片修饰工具的使用，并能结合前面章节所介绍的内容制作出完美的艺术照片。

教学重点与难点:

1. 模糊工具、锐化工具、涂抹工具的使用。
2. 减淡工具、加深工具、海绵工具的使用。
3. 仿制图章工具的使用。
4. 修复画笔工具和污点修复笔工具的使用。
5. 修补工具的使用。
6. 裁剪图像。

10.1　润饰照片

可以使用模糊工具、锐化工具、减淡工具、加深工具、海绵工具、涂抹工具来对照片进行润饰，如美化照片的细节或者调整光线和色彩等。

❖10.1.1　模糊工具与锐化工具的使用

使用模糊工具可以柔化硬边缘或减少图像中的细节，用此工具在某个区域上方绘制的次数越多，该区域就越模糊；而使用锐化工具可以增加边缘的对比度，以增强外观上的锐化程度，用此工具在某个区域上方绘制的次数越多，增强的锐化效果就越明显。

1. 模糊图像区域

要使用模糊工具对图像区域进行模糊处理，应先在工具栏上选择模糊工具，然后在选项工具栏中选择画笔笔尖，并为混合模式和强度设置选项，再选中"对所有图层取样"复选框，以使用所有可见图层中的数据进行模糊处理。如果消取选择此选项，则模糊工具只使用现有图层中的数据。设置完毕后，在要进行模糊处理的图像部分上拖动即可。

2. 锐化图像区域

锐化工具和模糊工具、涂抹工具集成在一个工具按钮上，初始状态下显示模糊工具。因此，如果是第一次选择锐化工具，应在工具栏中按下"模糊工具"按钮，从弹出菜单中选择"锐化工具"命令，如图 10-1 所示。

图 10-1　选择锐化工具

选择了锐化工具后，在选项工具栏中选择所需的画笔笔尖，并设置用于混合模式和强度的选项；根据需要选中或取消选择"对所有图层取样"和"保护细节"复选框。"保护细节"选项用于增强细节并使因像素化而产生的不自然感最小化，如果要产生更夸张的锐化效果，可取消选择此项。

设置完毕后，在要锐化的图像部分拖动，即可锐化图像区域。

❖10.1.2　减淡工具与加深工具的使用

减淡工具和加深工具基于用于调节照片特定区域的曝光度的传统摄影技术，可用于使图像区域变亮或变暗。摄影师可遮挡光线以使照片中的某个区域变亮（减淡），或增加曝光度以使照片中的某些区域变暗（加深）。用减淡工具在某个区域上方绘制的次数越多，该区域就会变得越亮；用加深工具在某个区域上方绘制的次数越多，该区域就会变得越暗。

减淡工具、加深工具和海绵工具集成在工具栏上的同一个按钮组中，初始时显示"减淡工具"按钮。若要使用其他两个工具，可按下此按钮，从弹出菜单中选择相应的命令。

要使用减淡工具或加深工具使图像区域变亮或者变暗，在选择减淡工具或加深工具后，还需要在选项工具栏中选择画笔笔尖、设置画笔选项、选择区域范围、指定曝光度。如果要将画笔用作喷枪，可单击"喷枪"按钮；如果要以最小化阴影和高光中的修剪，可选中"保护色调"复选框，此选项还可以防止颜色发生色相偏差。

设置完毕后，在要变亮或变暗的图像部分上拖动即可。

❖10.1.3 海绵工具的使用

使用海绵工具可以精确地更改区域的色彩饱和度。当图像处于灰度模式时，该工具通过使灰阶远离或靠近中间灰色来增加或降低对比度。

选择海绵工具■后，在选项工具栏中选择画笔笔尖并设置画笔选项，然后从"模式"菜单选取更改颜色的方式，在"流量"下拉列表框中选择流量。如果要最小化完全饱和或不饱和色的修剪，可选中"自然饱和度"复选框。设置完毕，在要修改的图像部分拖动，即可更改该区域的色彩饱和度。

❖10.1.4 涂抹工具的使用

使用涂抹工具可以模拟将手指拖过湿油漆时所看到的效果。该工具可拾取描边开始位置的颜色，并沿拖动的方向展开这种颜色。

选择了涂抹工具■后，在选项工具栏中选择画笔笔尖、混合模式选项，并根据需要选择"对所有图层取样"选项。如果要使用每个描边起点处的前景色进行涂抹，可选中"手指绘画"复选框。若取消对"手指绘画"选项的选择，则涂抹工具会使用每个描边的起点处指针所指的颜色进行涂抹。

设置完毕，在图像中拖动即可涂抹像素。当使用涂抹工具拖动时，按住 Alt 键可临时启用"手指绘画"功能。

★例 10.1：使用涂抹工具把一幅照片右下角的日期去掉，如图 10-2 所示。

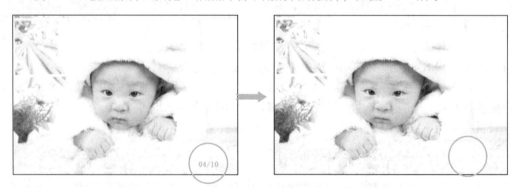

图 10-2　用涂抹工具润饰照片

（1）　打开"素材"文件夹中的"11.jpg"图像文件，选择涂抹工具。

（2）　在选项工具栏上打开"画笔预设"下拉面板，从中选择"柔边圆压力不透明度"画笔笔尖，如图 10-3 所示。

（3）　在选项工具栏上设置"强度"值为 70%。

（4）　将文档窗口左下角状态栏上的屏幕显示尺寸改为 900%，并拖动滚动条在工作区中显示要修改的区域，如图 10-4 所示。

（5）　将指针放在要使用的颜色源处，向要去掉的区域推移指针，直至将所有文字涂抹掉（这个过程需要细心和耐心）。

（6）　将文档另存为"12-1.psd"图像文件。

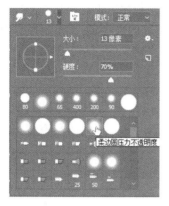

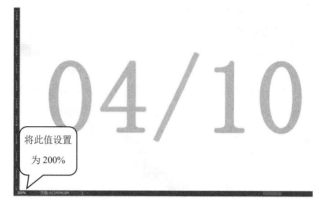

图 10-3　选择画笔笔尖　　　　　　　　　　图 10-4　放大屏幕显示尺寸

10.2　修复照片

使用仿制图章工具、修复画笔工具、污点修复画笔工具和修补工具来对照片进行修复。例如，传统的照片放久后可能会出现一些损毁或者脏污，这时就可以将这些老照片通过扫描上传到电脑中，然后利用修复工具来对照片进行还原、修复。

❖10.2.1　仿制源面板

选择"窗口"|"仿制源"命令，可显示"仿制源"面板，如图 10-5 所示。"仿制源"面板具有用于仿制图章工具或修复画笔工具的选项，用户可以设置五个不同的样本源并快速选择所需的样本源，而不用在每次需要更改为不同的样本源时重新取样。用户可以查看样本源的叠加，以便在特定位置仿制源；还可以缩放或旋转样本源，以更好地匹配仿制目标的大小和方向。

图 10-5　"仿制源"对话框

❖10.2.2　仿制图章工具的使用

使用仿制图章工具可以将图像的一部分绘制到同一图像的另一部分，或者绘制到具有相同颜色模式的任何打开的文档的另一部分。也可以将一个图层的一部分绘制到另一个图层。仿制图章工具对于复制对象或移去图像中的缺陷很有用。

要使用仿制图章工具，应在要从其中拷贝（仿制）像素的区域上设置一个取样点，并在另一个区域上绘制。若要在每次停止并重新开始绘画时使用最新的取样点进行绘制，可在选项工具栏上选中"对齐"复选框。取消选择"对齐"选项将从初始取样点开始绘制，而与停止并重新开始绘制的次数无关。此外，可以对仿制图章工具使用任意的画笔笔尖，这将使用户能够准确控制仿制区域的大小。也可以使用不透明度和流量设置以控制对仿制区域应用绘制的方式。

使用仿制图章工具修改图像的具体操作方法是，选择仿制图章工具后，可在选项工具栏中设置画笔笔尖、混合模式、不透明度、流量、对齐、样本等选项。设置完毕后，将指针放置在任意打开的图像中，按住 Alt 键并单击即可设置取样点。用户也可以在"仿制源"面板中单击"仿制源"按钮![图标]来设置取样点。最多可以设置五个不同的取样源。"仿制源"面板将存储样本源，直到用户关闭文档。然后，用户可根据需要在"仿制源"面板中执行下列任一操作：

（1）要缩放或旋转所仿制的源，输入 W（宽度）或 H（高度）的值，或输入旋转角度![图标]值。

（2）要反转源的方向（适用于类似眼睛的镜像功能），单击"水平翻转"![图标]或"垂直翻转"![图标]按钮。

（3）要显示仿制的源的叠加，选中"显示叠加"复选框并指定叠加选项。

完成以上操作后，在要校正的图像部分上拖移，即可仿制图像区域。

提　示　仿制图章工具不适用于调整图层，因此在使用仿制图章工具时，应确保没有在调整图层上执行操作。如果在"样式"下拉列表框中选择了"所有图层"选项，应单击该下拉列表框右面的"忽略调整图层"按钮![图标]。

★例 10.2：用仿制图章工具把照片中背景植物覆盖掉，如图 10-6 所示。

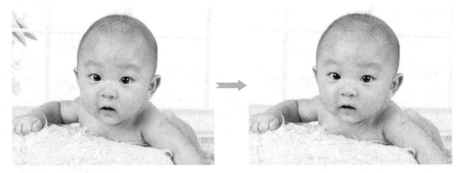

图 10-6　用仿制图章工具修改照片

（1）打开"10.jpg"图像文件，选择仿制图章工具。

（2）在选项工具栏上打开"画笔预设"下拉面板，选择"柔边圆压力不透明度"画笔笔尖。

（3）按住 Alt 键在照片背景植物旁边单击，设置取样点，如图 10-7 所示。

（4）在要覆盖的区域拖移鼠标指针。

（5）当大的色块被覆盖掉，剩下细节部分后，打开"画笔预设"下拉面板将笔尖大小改为 3 像素，并将文档显示比例设置为 200%以上，继续在要覆盖的区域中拖移。如果需要可重新设置取样点。

（6）当植物完全被覆盖后，将文档显示比例和画笔笔尖设回原来的大小，按住 Alt 键在浅色窗框上设置取样点，如图 10-8 所示。

（7）在窗框部位拖动鼠标指针，以去掉所有不需要的背景。

图 10-7　设置取样点　　　　　　　　　　　　图 10-8　设置另一个取样点

❖10.2.3　修复画笔的使用

修复画笔工具可用于校正瑕疵，使它们消失在周围的图像中。与仿制工具一样，使用修复画笔工具可以利用图像或图案中的样本像素来绘画。但是，修复画笔工具还可将样本像素的纹理、光照、透明度和阴影与所修复的像素进行匹配。从而使修复后的像素不留痕迹地融入图像的其余部分。

修复画笔工具、污点修复画笔工具、修补工具、内容感知移动工具和红眼工具集成在工具栏上的同一个按钮组中，初始时显示"污点修复画笔工具"按钮。按下"污点修复画笔工具"按钮，从弹出菜单中选择"修复画笔工具"命令，即可选择修复画笔工具，如图 10-9 所示。同理可以选择其他工具。

图 10-9　画笔工具弹出菜单

选择了修复画笔工具 后，在选项工具栏上设置所需选项，然后将指针定位在图像区域的上方，按住 Alt 键单击来设置取样点。如果需要，可在"仿制源"面板中单击"仿制源"按钮 并设置其他取样点或者选择所需的样本源。若要缩放或旋转所仿制的源，可输入 W（宽度）或 H（高度）的值，或输入旋转角度 值；若要显示仿制的源的叠加，选中"显示叠加"复选框并指定叠加选项。设置完毕后，在图像中拖移鼠标指针。每次释放鼠标按钮时，取样的像素都会与现有像素混合。

> **注意**
>
> 如果要从一幅图像中取样并应用到另一图像，则这两个图像的颜色模式必须相同，除非其中一幅图像处于灰度模式。

修复画笔工具的选项工具栏中各选项说明如下。

（1）"画笔样本" ：用于设置画笔笔尖的样式。如果使用压敏的数字化绘图板，可在"画笔样本"弹出面板中单击"大小"按钮，从弹出的下拉菜单中选择一个选项，以便在描边的过程中改变修复画笔的大小；选择"钢笔压力"可根据钢笔压力而变化；选择"光轮笔"可根据钢笔拇指轮的位置而变化；如果不想改变大小，可选择"关"。

（2）"模式"：用于指定混合模式。选择"替换"可以在使用柔边画笔时，保留画笔描边的边缘处的杂色、胶片颗粒和纹理。

（3）"源"：用于指定用修复像素的源。"取样"可使用当前图像的像素，而"图案"

可使用某个图案的像素。如果选择了"图案",可从"图案"弹出面板中选择一个图案。

（4）"对齐"：用于连续对像素进行取样，即使释放鼠标按钮，也不会丢失当前取样点。如果取消选择"对齐"，则会在每次停止并重新开始绘制时使用初始取样点中的样本像素。

（5）"样本"：用于从指定的图层中进行数据取样。要从现用图层及其下方的可见图层中取样，选择"当前和下方图层"；要仅从现用图层中取样，选择"当前图层"；要从所有可见图层中取样，选择"所有图层"；要从调整图层以外的所有可见图层中取样，选择"所有图层"，然后单击"样本"弹出菜单右侧的"忽略调整图层"图标。

在使用修复画笔工具修复图像时，如果要修复的区域边缘有强烈的对比度，需在使用修复画笔工具之前先建立一个选区。选区应该比要修复的区域大，但是要精确地遵从对比像素的边界。当用修复画笔工具绘画时，该选区将防止颜色从外部渗入。

★例 10.3：利用修复画笔工具把人物脸部的杂斑去掉，如图 10-10 所示。

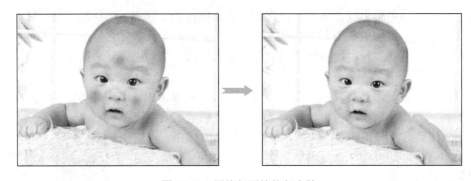

图 10-10　用修复画笔修复人脸

（1）打开"素材"文件夹中的"12.jpg"图像文档，使用磁性套索工具在人物脸部建立一个选区，如图 10-11 所示。

（2）选择修复画笔工具，在选项工具栏上的"画笔样本"下拉面板中设置笔尖大小为 120。

（3）按住 Alt 键在人脸的下巴部位单击，设置取样点。

（4）在选区内有白斑的地方拖移指针，清除黄斑。

（5）所有白斑部位被清除干净后，选择"选择"|"取消选择"命令，取消对选区的选择，此时效果如图 10-12 所示。

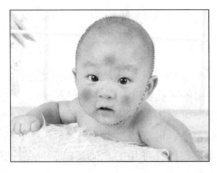

图 10-11　建立选区

图 10-12　用修复画笔工具修复后的图像

❖10.2.4　污点修复画笔的使用

污点修复画笔工具可以快速移去照片中的污点和其他不理想部分。污点修复画笔的工作方式与修复画笔类似，使用图像或图案中的样本像素进行绘画，并将样本像素的纹理、光照、透明度和阴影与所修复的像素相匹配，但它与修复画笔不同的是：污点修复画笔不要求指定样本点，而是自动从所修饰区域的周围取样。如果需要修饰大片区域或需要更大程度地控制来源取样，可以使用修复画笔而不是污点修复画笔。

要使用污点修复画笔移去污点，应在工具栏中选择污点修复画笔工具 ，然后在选项工具栏中设置画笔大小、混合模式、类型、取样范围等。

在设置画笔大小时，选择要修复的区域稍大一点的画笔最为适合，这样只需单击一次即可覆盖整个区域。

在设置类型时，如果要使用选区边缘周围的像素找到要用作修补的区域，可选择"近似匹配"选项；若要使用选区中的像素创建纹理，可选择"创建纹理"选项（如果纹理不起作用，请尝试再次拖过该区域）；若要比较附近的图像内容，不留痕迹地填充选区，同时保留让图像栩栩如生的关键细节，如阴影和对象边缘，可选择"内容识别"选项；若要为"内容识别"选项创建更大或更精确的选区，可执行"编辑"|"填充"命令。

设置完毕后，单击要修复的区域即可，若修复区域较大，可在区域中拖动鼠标指针。

❖10.2.5　修补工具的使用

通过使用修补工具 ，可以用其他区域或图案中的像素来修复选中的区域。像修复画笔工具一样，修补工具会将样本像素的纹理、光照和阴影与源像素进行匹配。还可以使用修补工具来仿制图像的隔离区域。修补工具可处理 8 位/通道或 16 位/通道的图像。修复图像中的像素时，应选择较小区域以获得最佳效果。

1.　使用样本像素修复区域

若要使用其他区域中的样本像素来修复区域，可先建立选区，也可以在选择修补工具后在图像中拖动以选择想要修复的区域，并在选项工具栏中选择"源"；或者在图像中拖动，选择要从中取样的区域，并在选项栏中选择"目标"。然后执行下列操作之一：

（1）　按住 Shift 键在图像中拖动，可添加到现有选区。

（2）　按住 Alt 键在图像中拖动，可从现有选区中减去一部分。

（3）　按住 Alt+Shift 组合键在图像中拖动，可选择与现有选区交迭的区域。

若要从取样区域中抽出具有透明背景的纹理，可在选项工具栏中选中"透明"复选框。如果要将目标区域全部替换为取样区域，则应取消选择"透明"选项。"透明"选项适用于具有清晰分明的纹理的纯色背景或渐变背景，如一只小鸟在蓝天中翱翔。

设置完毕后，将指针定位在选区内，将选区边框拖动到所需区域。如果在选项栏中选中的是"源"，该区域即为从中进行取样的区域，松开鼠标按钮时，原来选中的区域被使用样本像素进行修补。反之，如果在选项工具栏中选中的是"目标"，则该区域为要修补的区域，释放鼠标按钮时，将使用样本像素修补新选定的区域。

2.　使用图案修复区域

要使用图案修复区域，可先建立选区，也可以在选择修补工具后，在图像中拖动以选择要修复的区域，然后在选项工具栏上的"图案"弹出面板中选择一个图案，并单击"使用图案"按钮。

★例 10.4：通过使用样本像素修复区域功能将一幅风景照片中的动物去掉，使之整个变为一片草地，如图 10-13 所示。

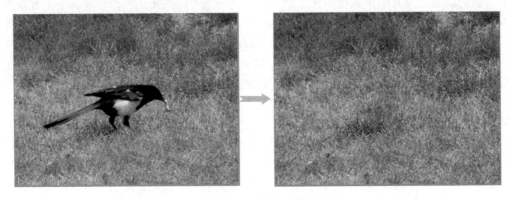

图 10-13　使用样本像素修复区域

（1）　打开素材文件夹中的"010-1.jpg"图像文档，使用套索工具选择图中的喜鹊，如图 10-14 所示。

（2）　选择修补工具，然后在选项工具栏中选择"源"单选按钮。

（3）　向右下方的草地处拖动选区，如图 10-15 所示。

（4）　当选区中的所有图像全部隐去后，单击画布外任意点取消选择，完成修补。

图 10-14　选择要修补的源区域

图 10-15　将选区拖动至样本区域

❖10.2.6　去除红眼

使用红眼工具 可以去除人物或动物的闪光照片中的红眼。红眼是由于相机闪光灯在主体视网膜上反光引起的。在光线暗淡的房间里照相时，由于主体的虹膜张开得很宽，将会更加频繁地看到红眼。为了避免红眼，可使用相机的红眼消除功能。或者，最好使用可安装在相机上远离相机镜头位置的独立闪光装置。在使用红眼工具时，需在"RGB 颜色"模式下进行操作。

选择红眼工具后，在红眼中单击即可去除红眼。如果对结果不满意，可还原修正，在选项工具栏中设置以下选项，然后再次单击红眼。

（1）"瞳孔大小"：用于增大或减小受红眼工具影响的区域。

（2）"变暗量"：用于设置校正的暗度。

10.3　裁剪图像

裁剪是移去部分图像以形成突出或加强构图效果的过程。Photoshop CC 2017 中的裁剪工具是非破坏性的，用户可以选择保留裁剪的像素，以便稍后优化裁剪边界。裁剪工具还提供直观的方法，可以让用户在裁剪时拉直图像。

❖10.3.1　裁剪工具的使用

在工具栏上选择裁剪工具 ，后，图像的边缘将显示裁剪边界，如图 10-16 所示。此时用户可以通过使用选择工具来绘制裁剪区域，也可以拖动角的边缘控制手柄来指定图像中的裁剪边界。绘制裁剪区域后选择其它工具，Photoshop 会打开一个提示对话框，让用户确定是否要裁剪图像，如图 10-17 所示。如果确定要裁剪图像，单击"裁剪"按钮，否则单击"不裁剪"按钮。

图 10-16　裁剪边界　　　　　　　　　　　　　　图 10-17　提示对话框

创建了裁剪区域后，用户还可在选项工具栏上设置裁剪选项。设置方法如下。

（1）"大小和比例" ：用户选择裁剪框的比例或大小。可以在下拉列表框中选择预设值，也可以在文本框中输入自定义值。在下拉列表框中选择"存储预设"命令还可以保存用户自定义的预设值以备以后使用。

（2）"视图"：用于选择裁剪时显示叠加参考线的视图。可用的参考线包括三等分参考线、网格参考线和黄金比例参考线等。要循环切换所有的选项，可按 O 键；要更改方向，可按 Shift+O 组合键。

（3）"设置" ：单击此按钮可弹出下拉面板，用于指定其他裁剪选项。选中"使用经典模式"复选框可像在之前版本中一样使用裁剪工具；选中"自动中心预览"复选框可在画布的中心置入预览；选中"显示裁剪区域"复选框可显示裁剪的区域；选中"启用裁剪屏

蔽"复选框可将裁剪区域与色调叠加；选中"自动调整不透明度"复选框，当编辑裁剪边界时会降低不透明度。

（4）"删除裁剪的像素"：禁用此选项可以应用非破坏性裁剪，并在裁剪边界外部保留像素。非破坏性裁剪不会移去任何像素。用户可以稍后单击图像以查看当前裁剪边界之外的区域。如果启用此选项，则会删除裁剪区域外部的任何像素，这些像素将丢失，并且不可用于以后的调整。

设置完毕后，按 Enter 键即可裁剪照片。

❖10.3.2　透视裁剪工具的使用

使用透视裁剪工具可以在裁剪时变换图像的透视。当从一定角度而不是以平直视角拍摄对象时，会发生石印扭曲，例如，如果从地面拍摄高楼的照片，则楼房顶部的边缘看起来会比底部的边缘更要近一些。当处理此类包含梯形扭曲的图像时即可使用透视裁剪工具。

透视裁剪工具和裁剪工具集成在工具栏上的同一按钮组中，初始时显示"裁剪工具"按钮。按下"裁剪工具"按钮，从弹出菜单中选择"透视裁剪工具"命令即可选择此工具。

选择透视裁剪工具后，围绕扭曲的对象绘制选框，将选框的边缘和对象的矩形边缘匹配，然后按 Enter 键即可完成透视裁剪。

★例 10.5：使用透视裁剪工具调整图像透视，如图 10-18 所示。

图 10-18　调整图像透视

（1）　打开"素材"文件夹中的"12-3.jpg"图像文件，选择透视裁剪工具。

（2）　在图像上拖动，绘制一个裁剪框，如图 10-19 所示。

（3）　将指针放在裁剪框右下角的控制手柄上，向右拖动，使之与图像右边斜伸出去部分的顶点对齐；将指针放在裁剪框左下角的控制手柄上，向左拖动，使之与图像左边斜伸出去部分的顶点对齐，如图 10-20 所示。

图 10-19　选择要裁剪的区域　　　　　　　　　　图 10-20　调整要裁剪的区域

10.4　典型实例——修饰照片

将一张跆拳道比赛照片中的多余部分和多余背景去掉，并润饰照片中不理想的部位，如图 10-21 所示。

图 10-21　修饰照片

本实例将涉及到以下内容：

- 裁剪图像。
- 使用仿制图章工具。
- 使用样本像素修复区域。
- 使用涂抹工具。

1. 裁剪图像

（1）打开"素材"文件夹中的"TKD.jpg"图像文档。

（2）选择裁剪工具，显示裁剪边界。

（3）向左拖动右边界中间的控制手柄，到合适位置释放鼠标键；向右拖动左边界中间的控制手柄，到合适位置释放鼠标键，如图 10-22 所示。

（4）按 Enter 键完成裁剪。

2. 用仿制图章工具去掉无关人物

（1）选择仿制图章工具，按住 Alt 键在图像右侧的浅色地板部分单击，设置取样点。

（2）在背景中无关人物部位拖动，抹掉它们。可以通过更改显示比例和画笔笔尖大小来修改细节。完成后效果如图 10-23 所示。

图 10-22　调整裁剪区域　　　　　　　　　　图 10-23　去掉无关人物

3. 用修补工具修复区域

（1）选择修补工具，在图像上半部分右侧的白线部分拖动绘制一个选区。

（2）在选项工具栏上选择"目标"单选按钮。

（3）将选区拖到图像左侧使其中的线条和阴影与右边相接，如图 10-24 所示。

4. 用涂抹工具去除水印

（1）将视图比例调整为 300%，拖动滚动条以显示图像左下角的部分。

（2）选择涂抹工具，分别以蓝色和白色为起点，将水印文字涂抹掉。

（3）对于左边的裤腿部分，可用盖印图章工具在亮白色部分选择一个取样点在此处单击，然后继续用涂抹工具涂匀，完成后的效果如图 10-25 所示。

（4）将视图比例设回 100%，整体查看图像的修改效果。

图 10-24　修复区域

图 10-25　涂掉水印

10.5　本章小结

本章介绍了在 Photoshop 中使用智能对象的方法，内容包括智能对象的创建、编辑，智能对象与普通图层的相互转换，智能滤镜等。通过本章的学习，读者应了解什么是智能对象，并掌握智能对象创建与编辑方法，以及智能滤镜的简单设置。

10.6　习　　题

❖10.6.1　填空题

（1）　用减淡工具在某个区域上方绘制的次数越多，该区域就会变得越＿＿＿＿＿；用加深工具在某个区域上方绘制的次数越多，该区域就会变得越＿＿＿＿＿。

（2）　使用海绵工具可以＿＿＿＿＿＿＿＿＿＿＿＿＿＿＿＿。

（3）　使用＿＿＿＿＿＿＿可拾取描边开始位置的颜色，并沿拖动的方向展开这种颜色。

（4）　当使用涂抹工具拖动时，按住 Alt 键可临时启用＿＿＿＿＿＿＿功能。

（5）　在使用红眼工具时，需在＿＿＿＿＿＿＿模式下进行操作。

❖10.6.2　选择题

（1）　使用＿＿＿＿＿＿可以柔化硬边缘或减少图像中的细节。

  A. 模糊工具　　　　　　　　　　　　B. 锐化工具

  C. 海绵工具　　　　　　　　　　　　D. 涂抹工具

（2）　当图像处于灰度模式时，＿＿＿＿＿＿可通过使灰阶远离或靠近中间灰色来增加或降低对比度。

  A. 减淡工具　　　　　　　　　　　　B. 加深工具

  C. 海绵工具　　　　　　　　　　　　D. 模糊工具

（3）当图像处于灰度模式时，_____可通过使灰阶远离或靠近中间灰色来增加或降低对比度。

  A．减淡工具   B．加深工具

  C．模糊工具   D．海绵工具

（4）要使用图像中的一个区域替换另一个区域，应使用_____工具。

  A．仿制图章工具   B．修复画笔工具

  C．修补工具   D．裁剪工具

（5）在使用样本像素修复区域时，按住_____键在图像中拖动，可添加到现有选区。

  A．Shift   B．Alt

  C．Ctrl   D．Shift+Alt

❖10.6.3 简答题

（1）如何在裁剪图像时拉直选区？

（2）怎样修复照片中人物脸上的污斑？

（3）如何去除照片中的红眼现象？

❖10.6.4 上机实践

打开"素材"文件夹中的"黑天鹅"，将其中多余的元素去掉，如图 10-26 所示。

图 10-26 去掉图片中的多余元素

第 11 章

综合实例——自制邮票

教学目标：

邮票在生活中曾经占有过极为重要的地位。如果可以将自己喜欢的图片制作成邮票保存在电脑里，或者自己绘制邮票保存起来，时不时的翻翻 DIY 电子集邮册，也是一种享受。本章主要介绍应用 Photoshop 制作图形的方法，通过本章的学习，读者应了解如何应用 Photoshop 中的各种工具绘制自己所需的图形。

教学重点与难点：

1. 形状工具。
2. 混合工具。
3. 图层样式。
4. 文本工具。
5. 渐变填充。
6. 获取素材图像。

11.1　实例分析

　　本章主要介绍邮票的制作方法，最终效果如图 11-1 所示。该图像中包括的元素有：邮票外框、渐变背景、花、叶、玫瑰、蝴蝶、文本和印章。其中：背景的渐变效果是通过两个渐变图层叠加后形成的，花和叶都是由 Photoshop 中自带的形状绘制而成的，玫瑰和蝴蝶是从其他图像文件中获取的，文本是 Photoshop 中设置的，印章效果也是自制而成的。

11.2　制作邮票外框

　　邮票不同于信封，信封有规定标准尺寸，而邮票则是贴在信封上使用的，只要大小不超过信封，都是符合要求的，如图 11-2 所示。在制作自己的电子邮票时，可以根据喜好自行设置邮票大小。生活中的邮票各式各样，但是邮票的外框样式几乎相同，下面介绍应用 Photoshop 制作邮票外框的方法。

图 11-1　"邮票"最终效果

图 11-2　生活中的邮票

❖11.2.1　为图像添加外框

　　如果已经选好了图像，可以直接为图像添加邮箱外框，操作方法如下。

1.　创建外框选区

　　（1）选择"文件"｜"打开"命令，打开"013-1.jpg"图像文件。

　　（2）双击"图层"面板中的"背景"图层，弹出"新建图层"对话框，在"名称"文本框中输入"图像"，如图 11-3 所示，单击"确定"按钮退出对话框。

　　（3）选择"工具"栏中的"矩形选框工具"，在"图像"图层工作区域内拖动出一个稍小于图像的矩形选框，如图 11-4 所示。

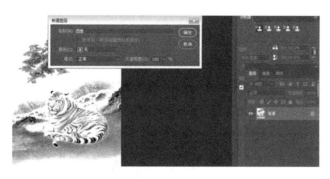

图 11-3　创建"图像"图层

图 11-4　矩形选区

（4）选择"选择"｜"反向"命令（或按 Ctrl+Shift+I 组合键）反向选择选区。

（5）单击"工具"栏中的"背景色"色块，打开"拾色器（背景色）"对话框，将背景色设置为"白色"，如图 11-5 所示，单击"确定"按钮。

（6）选择"编辑"｜"填充"命令（或按 Ctrl+F5 组合键），打开"填充"对话框，打开"使用"下拉列表框从中选择"背景色"选项，如图 11-6 所示，单击"确定"按钮。

图 11-5　设置背景色

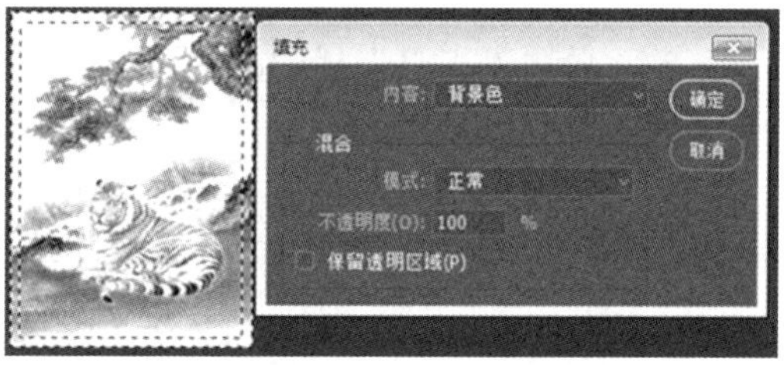

图 11-6　设置背景色填充色

（7）按 Ctrl+D 组合键取消街区的选择，再按住 Ctrl 键，单击"图层"面板中的"图像"图层图标，将该图层载入选区。

2. 创建外框样式

（1）切换至"路径"面板，单击下方的"从选区生成工作路径"按钮，通过选区建立工作路径，如图 11-7 所示。

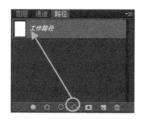

图 11-7　从选区生成工作路径

（2）单击"工具"栏中的"画笔工具"显示画笔的"选项"工具栏，单击"选项"工具栏中的"面板"按钮，打开"画笔"面板。

（3）在列表框中选择画笔形状，在"大小"文本框中输入数值"20 像素"，确定"硬度"值为100%，更改"间距"值为200%，如图11-8所示。

（4）单击"画笔"面板右下角的"创建新画笔"按钮，打开"画笔名称"对话框，使用默认名称，单击"确定"按钮，在画笔面板中会显示新增加的画笔样式，如图11-9所示。

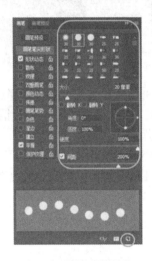
图 11-8　设置画笔样式

图 11-9　创建画笔样式

（5）单击"工具"栏中的"橡皮擦工具"显示橡皮擦"选项"工具栏，打开"画笔预设"面板从中选择新建的画笔样式，如图11-10所示。

（6）单击"路径"面板中的"用画笔描边路径"按钮，单击"工具"栏中任意工具按钮，关闭路径，得到如图11-11所示的效果。

图 11-10　选择新建的画笔样式

图 11-11　用画笔搭边后的效果

3. 美化外框

（1）为了更好地显示邮票效果，可以为"图像"图层添加一个深颜色的背景图层。切换至"图像"面板，单击"创建新图层"按钮 ，将其重命名为"背景"，并拖动至"图像"图层下方。

（2）单击"工具"栏中的"前景色"色块，打开"拾色器（前景色）"对话框，将前景色设置为"棕色"，如图 11-12 所示，单击"确定"按钮。

（3）选择"图层"面板中的"背景"图层，按 Alt+Delete 组合键，用前景色填充"背景"图层，得到如图 11-13 所示的效果。

图 11-12　设置前景色图

图 11-13　添加"背景"图层后的效果

（4）选择"文件"｜"存储为"命令，将其保存为"文件名"为"邮票-1"，"文件类型"为"Photoshop(*.PSD,*.PDD)"的图像。

❖11.2.2　新建邮票外框

如果用户希望自行绘制邮票，可以先绘制图形，然后再为其添加邮票外框；或先创建邮票外框，在此基础上自行绘制图像。下面介绍先绘制外框，再自行绘制图像的方法。

1. 新建文档及形状

（1）选择"文件"｜"新建"命令，打开"新建"对话框，设置"宽度：850 像素"、"高度：1200 像素"、"分辨率：300 像素/英寸"，"颜色模式：RGB 颜色，8 位"、"背景内容：白色"，如图 11-14 所示，单击"创建"按钮。

（2）单击"工具"栏中的"矩形工具"显示矩形工具的"选项"工具栏，在此设置"工具模式：形状"、"填充：黑色"、"描边：白色"、"宽度：50 像素"、"W：850 像素"、"H：1200 像素"、"绘图模式：不受约束，从中心"。

（3）将指针移至工作区域，单击打开"创建矩形"对话框，单击"确定"按钮，完成矩形绘制，应用"移动工具"将矩形移至正好与背景重合，如图 11-15 所示。

2. 设置邮票外框效果

（1）在"图层"面板的"形状 1"图层上右击，从弹出的快捷菜单中选择"栅格化图层"命令，将形状转换为图形。

（2）按住 Ctrl 键，单击"图层"面板中的"图像"图层图标，将该图层载入选区。

图 11-14 "新建"对话框

图 11-15 绘制矩形形状

（3）切换至"路径"面板，单击下方的"从选区生成工作路径"按钮，通过选区建立工作路径。

（4）单击"工具"栏中的"画笔工具"显示画笔的"选项"工具栏，单击"选项"工具栏中的"面板"按钮，打开"画笔"面板。

（5）在列表框中选择画笔形状，在"大小"文本框中输入数值"80 像素"，确定"硬度"值为100%，更改"间距"值为180%。

（6）单击"画笔"面板右下角的"创建新画笔"按钮，打开"画笔名称"对话框，使用默认名称，单击"确定"按钮，在画笔面板中会显示新增加的画笔样式。

（7）单击"工具"栏中的"橡皮擦工具"显示橡皮擦"选项"工具栏，打开"画笔预设"面板从中选择新建的画笔样式。

（8）单击"路径"面板中的"用画笔描边路径"按钮，单击"工具"栏中任意工具按钮，关闭路径，得到如图 11-16 所示的效果。

（9）隐藏背景图层，得到如图 11-17 所示的效果。

图 11-16 设置画笔描边后的效果

图 11-17 隐藏背景后的效果

（10）选择"文件"｜"存储为"命令，将其保存为"文件名"为"邮票-2"，"文件类型"为"Photoshop(*.PSD,*.PDD)"的图像。

11.3　自定义邮票图形

应用 Photoshop 中的各种工具、绘制功能，根据自己的喜欢绘制邮票图形。最后再添加个人印章，完成邮票制作。

1.　设置颜色渐变图层

（1）在"邮票-2.psd"文件的基础上，单击"图层"面板中的"创建新图层"按钮，创建新图层"图层 1"。

（2）单击"工具"栏中的"渐变工具"显示该工具"选项"工具栏，单击"编辑渐变"按钮，打开"渐变编辑器"对话框。

（3）如图 11-18 所示设置各色标的颜色及位置，从左至右颜色代码为：#ffffff、#d7fb92、#02c502、#089608 和#3a3580，各色标位置为：3%、20%、40%、70%和 100%，最右侧色标的平滑度设置为 80%，完成设置，单击"确定"按钮。

（4）将鼠标指针移至工作区域，从右上角偏下处向左下角拖动（鼠标移至右下角工作区域外），释放鼠标完成渐变填充，如图 11-19 所示。

（5）选择"编辑"|"变换"|"缩放"命令，按住 Alt 键拖动右下角控制点，调整图层大小，得到如图 11-20 所示的效果。

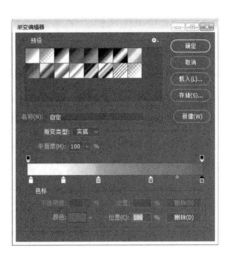

图 11-18　"渐变编辑器"对话框

图 11-19　绘制渐变效果

图 11-20　调整当前图层大小

（6）在工作区域内任意位置处双击，完成图层大小的调整。

（7）双击"图层"中的"图层 1"字样，将"图层 1"修改为"渐变背景"。

2.　绘制花边效果

（1）单击"自定形状工具"显示自定形状"选项"工具栏，单击"形状"面板中的"选

项菜单"按钮,从弹出列表框中选择"自然"选项。

（2）弹出如图 11-21 所示的提示对话框，询问用户是否要替换当前的形状，单击"追加"按钮，将"自然"中的形状添加至"形状"面板。

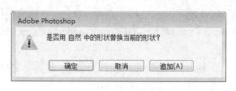

（3）在"选项"面板中设置"填充：白色"、"描边：白色"、"描边宽度：1 点"。

图 11-21　追加形状

（4）再次打开"形状"面板，从中选择"花6"选项，将鼠标移至工作区域，按住 Shift 键拖动鼠标，绘制花边，得到如图 11-22 所示的效果。

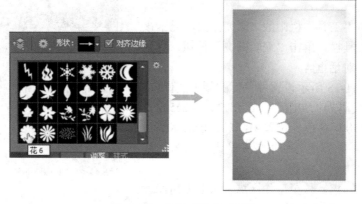

图 11-22　绘制"花 6"形状

（5）打开"形状"面板从中选择"花 4"选项，打开"绘图模式"面板从中选择"从中心"复选框，打开"路径操作"面板从中选择"新建图层"选项，将鼠标移至"形状 1"中心位置处，在工作区域，按住 Shift 键拖动鼠标，绘制花边。

（6）在"选项"面板中设置当前绘制图层的颜色，打开"填充"色块从打开的面板中单击"彩色块"，在打开的"拾色器"对话框中设置填充色为#089608。以同样的方式设置"描边：#089608"、"描边宽度：1 点"，得到如图 11-23 所示的效果。

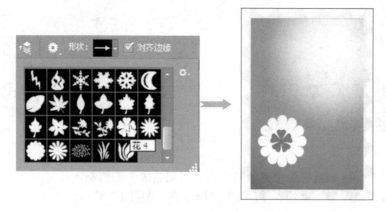

图 11-23　绘制"花 4"形状

（7）打开"形状"面板从中选择"花 5"选项，打开"绘图模式"面板从中选择"从中心"复选框，打开"路径操作"面板从中选择"新建图层"选项，将鼠标移至"形状 1"中心位置处，在工作区域，按住 Shift 键拖动鼠标，绘制花边。

（8）在"选项"面板中设置当前绘制图层的颜色，打开"填充"色块从打开的面板中单击"彩色块" ，在打开的"拾色器"对话框中设置填充色为#3a3580。以同样的方式设置"描边：#3a3580"、"描边宽度：1 点"，得到如图 11-24 所示的效果。

图 11-24　绘制"花 5"形状

（9）完成以上操作，"图层"面板中得到"形状 1"、"形状 2"和"形状 3"3 个形状图层，按住 Ctrl 键选择这 3 个图层，按 Ctrl+G 组合键创建新组"组 1"，并将其重命名为"花边效果 1"，如图 11-25 所示。

（10）按 Ctrl+Alt+E 组合键执行"盖印"操作，得到"花边效果 1（合并）"图层，如图 11-26 所示。

图 11-25　添加组

图 11-26　复制合并图层

（11）按 Ctrl+T 组合键显示自由变换大小控制框，按住 Shift 键等比例调整大小，按 Enter

键退出大小编辑模式。然后应用"移动工具"，将其移至所需位置，如图 11-27 所示。

图 11-27　调整形状大小

（12）　按 Ctrl+Alt+T 组合键调出自由变换大小控制框，同时复制出一个当前选择形状的大小，将其移至所需位置，如图 11-28 所示，按 Enter 键退出编辑模式。

（13）　以同样的方式复制出其他两个花边效果，调整大小并移动其位置，得到如图 11-29 所示的效果。

（14）　按住 Ctrl 键选择"图层"面板中的"花边效果 1（合并）"和"花边效果 1（合并）副本"两个图层，在"不透明度"文本框中设置值为 40%，得到如图 11-30 所示的效果。

图 11-28　复制并移动形状　　　图 11-29　花边形状摆放效果　　　图 11-30　设置不透明度

3.　绘制叶片效果

（1）　有了绘制花边效果的经验，绘制叶片的方法我们就不详细介绍了。选择"自定形状工具"，在"选项"工具栏中将 Photoshop 中"全部"形状全都追加至"形状"面板中。

（2）　将"填充"和"描边"颜色全都设置为黑色，在"渐变背景"图层上方添加"叶形装饰 3"图层组，然后在工作区域中拖动绘制叶形效果，如图 11-31 所示。

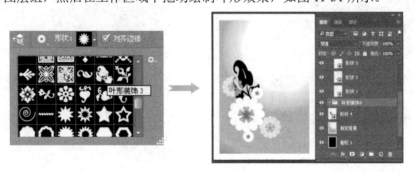

图 11-31　绘制"叶形装饰 3"形状

（3）选择"编辑"｜"变换路径"｜"水平翻转"命令，然后再按 Ctrl+T 组合键调出自由变换大小控制框，顺时针方向拖动右下角控制点。

（4）重复 Ctrl+Alt+T 组合键复制并调出自由变换大小控制框，调整叶片形状及大小，得到如图 11-32 所示的效果。

（5）将形状移至所需位置，并在"图层"面板中设置"混合模式"为"柔光"，得到如图 11-33 所示的效果。

图 11-32　调整形状

图 11-33　设置混合模式

（6）以同样的方式绘制叶片效果，得到"形状 5"和"形状 6"图层，并设置"混合模式"效果为"柔光"，得到如图 11-34 所示的效果。

图 11-34　添加"形状 5"和"形状 6"后的效果

4. 获取所需图像

（1）选择"文件"｜"打开"命令，打开"素材"文件夹中的"013-2.jpg"图像文件，如图 11-35 所示。

（2）双击"图层"面板中的"背景"图层，弹出如图 11-36 所示的"新建图层"对话框，单击"确定"按钮。

图 11-35　"013-2.jpg"图像文件　　　　　　　　　图 11-36　"新建图层"对话框

（3）　选择"裁剪工具"，在图像工作区域上拖动出矩形选框，在选框内双击，得到如图11-37 所示的效果。

（4）　选择"快速选择工具"显示该工具的"选项"工具栏，设置"画笔大小"值为 10像素，在图像上单击选择要删除的区域，如图 11-38 所示。

（5）　按 Delete 键，将选择的部分删除，如图 11-39 所示。

图 11-37　裁剪图像　　　　　图 11-38　快速选择　　　　　图 11-39　删除选择

（6）　选择"磁性套索工具"，如图 11-40 所示圈选出所需图像部分。

（7）　选择"选择"｜"反向"命令（或按 Ctrl+Shift+I 组合键），反向选择背景部分，按 Delete 键删除，得到如图 11-41 所示的效果。

（8）　调整视图大小为 300%，选择"橡皮擦工具"，将枝叶中间部分的背景图像删除，得到如图 11-42 所示的效果。

（9）　选择"文件"｜"存储为"命令，将其保存为"文件名"为"013-2"，"文件类型"为"Photoshop(*.PSD,*.PDD)"的图像。

（10）　按 Ctrl 键，单击"图层"面板中"图层 0"中的图标部分，按 Ctrl+C 组合键复制选择的内容。

图 11-40　套索选择　　　　　　　图 11-41　删除选择　　　　　　　图 11-42　擦除图像

（11）　切换至"邮票-2"文件，选择"图层"面板中的"形状 6"图层，按 Ctrl+V 组合键将抠出的图形粘贴至文档。

（12）　按 Ctrl+T 组合键显示调整大小控制框，调整图像大小，并移动其位置，得到如图 11-43 所示的效果。

（13）　按 Enter 键退出大小控制框，在"图层"面板中打开"混合模式"下拉列表框从中选择"划分"样式，并设置"不透明度"值为 80%，得到如图 11-44 所示的效果。

图 11-43　调整图像大小　　　　　　　　图 11-44　设置混合模式及不透明度值

5.　调整图像效果

（1）　选择"图像"｜"调整"｜"色相/饱和度"命令（或按 Ctrl+W 组合键）打开"色相/饱和度"对话框，设置"色相"值为 81，"明度"值为 19，单击"确定"按钮，得到如图 11-45 所示的效果。

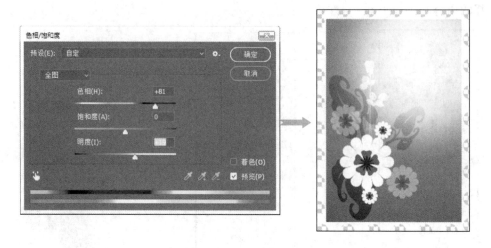

图 11-45　调整色相/饱和度

（2）　选择"图层"面板中的"渐变背景"图层，新建图层并重命名为"渐变背景 2"。

（3）　选择"渐变工具"，在工作区域内拖动鼠标，填充新建图层，得到如图 11-46 所示的渐变背景。

（4）　按 Ctrl+T 组合键显示自由变换大小选择框，调整"渐变背景 2"大小，使其与"渐变背景"图层大小相同，如图 11-47 所示，按 Enter 键退出自由变换大小。

（5）　选择"面板"中的"渐变背景 2"图层，设置"混合模式"为"柔光"，得到如图 11-48 所示的效果。

图 11-46　添加渐变背景　　　　　图 11-47　调整图层大小　　　　　图 11-48　设置混合模式

（6）　选择"图层"面板中的"图层 1"，设置"混合模式"为"滤色"，"不透明度"值为 80%。

（7）　选择"面板"中的"渐变背景 2"图层，选择"滤镜"｜"扭曲"｜"旋转扭曲"命令，打开"旋转扭曲"对话框，设置"角度"为 500，单击"确定"按钮，得到如图 11-49 所示的效果。

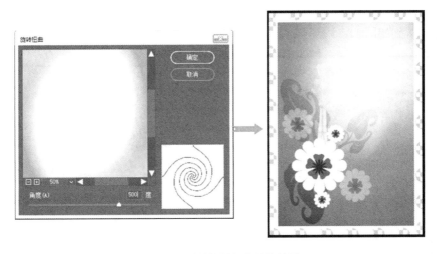

图 11-49 设置旋转扭曲滤镜效果

6. 添加蝴蝶

（1）选择"文件"｜"打开"命令，打开"素材"文件夹中的"013-3.jpg"图像文件，如图 11-50 所示。

（2）双击"图层"面板中的"背景"图层，弹出"新建图层"对话框，单击"确定"按钮，将锁定的背景图层转化为普通图层，并为其重命名为"图层 0"。

（3）选择"魔术橡皮擦工具"显示"选项"工具栏，设置"容差"值为 32，在任意空白位置单击，并在左下角空白位置处单击，得到如图 11-51 所示的透明背景效果。

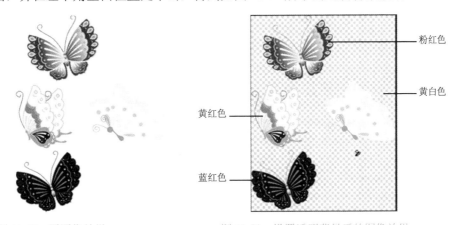

图 11-50 原图像效果   图 11-51 设置透明背景后的图像效果

（4）选择"文件"｜"存储为"命令，将其保存为"文件名"为"013-3"，"文件类型"为"Photoshop(*.PSD,*.PDD)"的图像。

（5）选择"矩形选框工具"，在"013-3"图像文件中圈选出一只蝴蝶，按 Ctrl+C 组合键，如图 11-52 所示。

（6）切换至"邮票-2"图像文件，选择"图层"面板中最上面的图层"花边效果 1（合并）副本 3"，按 Ctrl+V 组合键将其粘贴至图像文件，并将图层重命名为"蝴蝶-黄白色"。

（7） 将蝴蝶移至所需位置，并按 Ctrl+T 组合键，调整其大小。完成后按 Enter 键退出调整大小，得到如图 11-53 所示的效果。

图 11-52　框选黄白色蝴蝶

图 11-53　"蝴蝶-黄白色"效果

（8） 以同样的方式分别圈选"013-3"图像文件中的其他蝴蝶，将其粘贴至"邮票-2"图像文件，分别将图层重命名为"蝴蝶-粉红色"、"蝴蝶-黄红色"和"蝴蝶-蓝红色"，并调整各图层中蝴蝶的位置及大小，得到如图 11-54 所示的效果。

图 11-54　调整其他蝴蝶后的效果

7.　添加文本

（1） 选择"图层"面板中的"蝴蝶-黄红色"图层，单击"横排文本工具"显示"选项"工具栏，在工作区域内单击输入文本"2 元"。

（2） 选择"图层"面板中的"2 元"图层，设置"字体系列：楷体"、"字体大小：20点"、"字体颜色：#089608"，单击"面板"按钮打开"字符"面板，设置"水平缩放：100%"、"基线偏移：0 点"，如图 11-55 所示。

（3） 在工作区域上选择文本"2"，设置"字体系列"为 Tahoma，"基线偏移：-2 点"，得到如图 11-56 所示的效果。

图 11-55 设置"字符"   图 11-56 设置文本效果

（4） 选择"图层"面板中的"2 元"图层，单击"横排文本工具"显示"选项"工具栏，在工作区域内单击输入文本"中国邮政"字样。

（5） 选择"图层"面板中的"中国邮政"图层，设置"字体系列：宋体"、"字体大小：15 点"、"基线偏移：0 点"，得到如图 11-57 所示的效果。

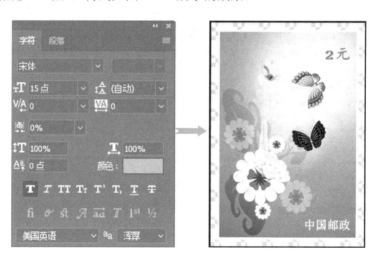

图 11-57 设置"中国邮政"文本

（6） 单击"图层"面板中的"图层样式"按钮 fx.，从弹出的列表框中选择"内发光"选项，打开"图层样式"对话框并显示"内发光"参数。

（7） 设置"不透明度"值为 94%，颜色代码为#ffffbe，完成设置单击"确定"按钮，得到如图 11-58 所示的效果。

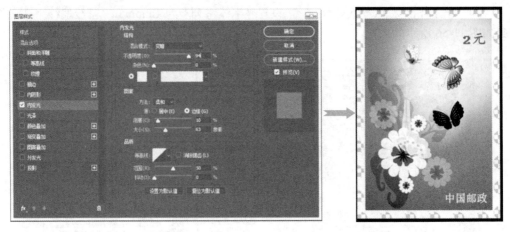

图 11-58　添加内发光效果

（8）　选择"文件"｜"存储为"命令，将其保存为"文件名"为"邮票-3"，"文件类型"为"Photoshop(*.PSD,*.PDD)"的图像。

8.　设置个人印章

（1）　选择"文件"｜"新建"命令，打开"新建"对话框，设置"宽度：150 像素"、"高度：150 像素"、"分辨率：300 像素/英寸"，"颜色模式：RGB 颜色，8 位"、"背景内容：白色"，如图 11-59 所示，单击"创建"按钮。

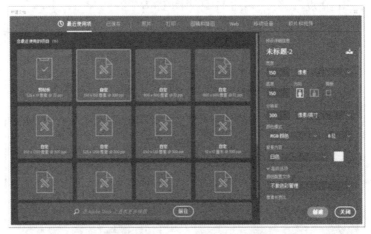

图 11-59　"新建"对话框

（2）　单击"工具"栏中的"圆角矩形工具"显示矩形工具的"选项"工具栏，在此设置"工具模式：形状"、"填充：RGB 红色"、"描边：无色"、"圆角"、"绘图模式：不受约束（取消"从中心"复选框的选择）"。

（3）　将指针移至工作区域，从左上角向右下角拖动，绘制一个圆角矩形，如图 11-60 所示。

（4）　选择"图层"面板中的"背景"图层，单击右下角的"删除图层"按钮🗑，弹出提示对话框询问用户是否要删除选择的图层，单击"是"按钮。

图 11-60 圆角矩形

（5）选择"直排文本工具"显示"选项"工具栏，在工作区域内单击输入文本"悠然"，按 Enter 键，接着输入"印章"。

（6）选择"图层"面板中的文本图层，设置"字体系列：楷体"、"字体大小：15 点"、"字体颜色：白色"，得到如图 11-61 所示的效果。

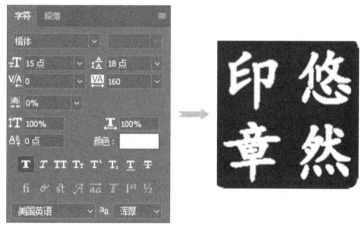

图 11-61 设置印章文本效果

（7）完成以上操作，选择"图层"面板中的"圆角矩形 1"和"悠然印章"图层，按 Ctrl+G 组合键创建新组"组 1"。

（8）按 Ctrl+Alt+E 组合键执行盖印操作，创建"组 1（合并）"图层，如图 11-62 所示。

图 11-62 创建"组 1（合并）"图层

（9）　按 Ctrl 键单击"组 1（合并）"图层，按 Ctrl+C 组合键复制当前选择的内容。

（10）　切换至"印章-3"图像文件，选择"图层"面板中的"中国邮政"图层，按 Ctrl+V组合键将印章粘贴至图像文件，如图 11-63 所示。

（11）　选择"移动工具"拖动印章至所需位置，得到如图 11-64 所示的效果。

图 11-63　复制印章图　　　　　　　　　　　图 11-64　移动印章位置

（12）　选择"图层"面板中的所有图层，单击"锁定图层"按钮🔒，将所有图层全都锁定。

（13）　选择"文件"｜"存储为"命令，将其保存为"文件名"为"第 13 章典型实例终效图"，"文件类型"为"Photoshop(*.PSD,*.PDD)"的图像。

（14）　选择"文件"｜"存储为"命令，将其保存为"文件名"为"第 13 章典型实例终效图"，"文件类型"为"JPEG(*.JPG,*.JPEG, *.JPE"的图像。